跟随李英爱

寻觅韩国饮食文化的美丽故事

李英爱的晚餐

Lee Youngae's dinner party

［韩］李英爱

洪主英 著

黄莹莹 译

中国轻工业出版社

图书在版编目（CIP）数据

李英爱的晚餐 / (韩) 李英爱, (韩) 洪主英著；黄
莹莹译. — 北京：中国轻工业出版社, 2015.5
　　ISBN 978-7-5184-0402-5

　　Ⅰ.①李… Ⅱ.①李… ②洪… ③黄… Ⅲ.①饮食－
文化－韩国 Ⅳ.①TS971

　　中国版本图书馆CIP数据核字(2015)第013262号

责任编辑：翦　鑫
策划编辑：韩慧琴　　　　责任终审：劳国强　　　　封面设计：**CHIVAL design** 奇文雲海　設計顧問
版式设计：**CHIVAL design** 奇文雲海　設計顧問　　责任校对：燕　杰　　　　责任监印：马金路

出版发行：中国轻工业出版社（北京东长安街6号，邮编：100740）
印　　刷：北京顺诚彩色印刷有限公司
经　　销：各地新华书店
版　　次：2015年5月第1版第1次印刷
开　　本：787×1092　1/16　印张：14.5
字　　数：280千字
书　　号：ISBN 978-7-5184-0402-5　定价：58.00元
著作权合同登记号 图字：01-2014-4996
邮购电话：010-65241695　传真：65128352
发行电话：010-85119835　85119793　传真：85113293
网　　址：http://www.chlip.com.cn
Email：club@chlip.com.cn
如发现图书残缺请直接与我社邮购联系调换
140578S1X101ZYW

　　从21岁出道到现在，20年来一直忙于工作的我，虽然比别人晚一些，但终于也有了自己的家庭，并幸运地成为两个孩子的母亲。身为人母后，许多事情都变得不一样了。以前我只要照顾好自己就行了，不知从何时起，做什么事都会先想到丈夫和两个孩子。从首尔搬到京畿道杨平汶湖里，也是为了孩子们。伴随着鸟鸣睁开眼睛，跟各种昆虫玩，在石头上放各种野花和杂草玩过家家……这些对于从小就生活在城市的我来说，是一种向往。我一直都有一个梦想，就是给孩子们一个长大后可以回忆的童年和家乡，因此在孩子出生后我们便搬了家。为了孩子能尽情地奔跑，院子里没有种一棵树；为了防止孩子们摔倒后受伤，屋里几乎没有家具，仅在地板上铺了六个卡通图画的软垫。第一次到我们家的客人们一般都会吃惊两次：第一次是惊讶于只有平坦草地的院子，第二次是惊讶于几乎没有家具的房间。家里仅有的家具是厨房旁边的餐桌和书房里的书桌。不知不觉两个孩子已经成为我生活的重心。

　　转眼间，搬到汶湖里已经有两年的时间了，孩子们

也是一天一个变化。几天前还在咿呀学语，今天就已经会说话了；好像最近才能站起来，转眼间就能跑了。跟所有的母亲一样，我不想错过孩子们成长的每一个瞬间。因此，我拒绝了很多工作，不知不觉就休息了9年。我并非不想演戏，最近每次看电影，都会勾起我内心深处对演戏的渴望。但我是那种只要一拍戏，就会全身心投入到角色中的人。如果拍戏的话，就无法用心照顾孩子，而且一个星期四五天都不在家，更会让我放心不下。孩子们才四岁，正是需要母亲温暖怀抱的年龄。这种矛盾每天都在我的心里斗争无数次。

　　就在这时，我接到了拍摄纪录片的邀请。刚开始因为对纪录片这种题材不太熟悉，觉得演员不演戏而去拍纪录片有些奇怪，于是拒绝了这个邀请。但是编导找到家里好几次，向我说明了为什么需要演员李英爱

来拍这部纪录片，这又是一部怎样内容的纪录片。慢慢地，我的心开始动摇了。

看了编导给我的企划案后，我想了很多。虽然通过《大长今》我接触过不少宫廷饮食，也做过韩国拌饭的宣传大使，但事实上我对饮食真正的了解很少，我也想告诉孩子们韩国饮食中的故事。为孩子们做每一道菜都很费心，随着孩子们开始挑食，我做饭遇到的烦恼也越来越多，因此我对是否要拍摄纪录片思考了两个月。最终我决定参与到这部纪录片的拍摄中，因为我想为孩子们做一件有意义的事，可以留下一个跟韩国饮食相关的记录，在孩子们长大后和他们一起观看、交流，应该很不错。就这样，我参与了《李英爱的晚餐》的拍摄。

目 录

目 录

第一部分

韩国饮食中

蕴含的

沟通哲学

第一章

朝鲜王朝五百年，餐桌上的秘密

寻找朝鲜王朝绚烂的饮食文化

　　每年的冬天和夏天似乎都变得越来越长，于是夹在它们中间的春天也相应地变得越来越短。或许是汶湖里温暖又美丽的春天太过短暂，心里总感觉有些遗憾。在这样的心情下度过了一个春天之后，5月的一个下午，家里来了几位客人——纪录片《李英爱的晚餐》的编导们，手里提着20多本书和几十篇论文。要知道，读懂这些书和论文中的任何一句话对我来说都不是容易的事。在看到这些资料的瞬间，我差点有想放弃的念头。"这些资料对于寻找

韩国饮食中蕴含的哲学很有用处，希望您能在拍摄开始前全部读完。"编导说。看着桌子上放着的书和资料，我的心都在发抖。不仅如此，编导们还希望我在即将开拍的《李英爱的晚餐》中，以自己对韩国饮食的了解和理解，通过晚宴将韩国饮食中蕴含的意义表现出来。20年的演艺生涯中，全都是别人给我准备好"餐桌"，我只需要好好地"咀嚼"并"消化"就行了，没想到这次需要亲自动手找材料并制作，当时真有些后悔当初轻视了这部纪录片，但是事到如今再拒绝就显得太没诚信了。经过几天艰难的思想斗争，我终于下定决心，翻开了制作方推荐的书。那是我与韩国饮食中所蕴藏的故事的第一次邂逅，每翻过一页，朝鲜王朝那些奇妙的饮食都会像潮水般涌到我的眼前。

朝鲜王朝的美食家们

"首尔的几个宰相聚集在北村开宴会，其中住在南村的一个宰相提供了非常丰盛的食物，令所有人都赞叹不已。过了一会儿，住在东村宰相家的婢女拿着一个铜碗姗姗来迟，碗里只有一块嵌着10颗枣的甑糕。东村的宰相接过碗，吃了10颗枣中的7颗后，将碗又递回到婢女手中。南村宰相家的人觉得很奇怪，便追上去问婢女'这是什么'，婢女回答说：'将洗好的红枣去核，再挖出部分枣肉后用小火蒸，将牛肉、枣肉以及产自平安道边界附近的野参拌匀后压紧，放入蒸好的红枣中，枣的两边再分别嵌入一颗松子。这样做出来的红枣，10个值20吊钱。'这如何能不令人吃惊？听到此话的宰相们都自愧不如。"

这是朝鲜后期的文人李钰（1760—1815）文集中的一幕。在那颗小小的红枣中，野参、牛肉和枣肉竟然融为一体，那么它的味道如何呢？光凭想象都觉得舌尖上满是香甜的味道。当时的20吊钱足以买一栋瓦房了，可见这10颗枣的贵重；吃一点零食就把一栋房子吃掉，也足以见得这个宰相家是多么的富有。

在记录朝鲜后期饮食文化的书籍中，关于两班（古代高丽与朝鲜王朝的一个社会阶层，主体为士族与官僚）喜欢美食的轶事不胜枚举。以前只知道许筠（1569—1618）是《洪吉童传》的作者，这次才知道他原来也是韩国最早的"饮食评论员"。作为朝鲜最顶尖的美食家，据说许筠曾游遍全国各地去寻找山珍海味，并根据他品尝过的食物写下了《屠门大嚼》一书。《屠门大嚼》中出现的食物与最近在《美味TV》和《吃好过好之法》中介绍的风味或特色饮食不同，该书将"熊掌"选为华阳、义州和熙川的特色饮食，将"豹胎"（豹的内脏）选为襄阳的特色饮食，而在当时两班阶层中流行的"鹿舌"和"鹿尾"，则被选为华阳和扶安饮食中最美味的食物。看看《屠门大嚼》中介绍的食物，就知道当时的两班是多么地喜爱美食。据说许筠是在流放地为了打发时间才写的《屠门大嚼》，这相对于当时最顶尖的美食家来说，他眼前的餐桌该是多么寒碜！

突然想起自己刚刚生下双胞胎后开始减肥的日子。记得那时，平时不怎么喜欢吃的食物摆在面前也馋得不行，或许许筠那时的感受跟我也差不多。我似乎能想象到他坐在流放地那可怜的餐桌前，带着对世外桃源的向往，念念不忘自己曾在全国各地吃过的美食，写下《屠门大嚼》的情景。本以为熊掌是过去中国的皇帝才能吃到的食物，但通过《屠门大嚼》以及朝鲜王朝时期的菜谱书《饮食知味方》的介绍，我才知道熊在当时并不是"天然纪念物"，而是猎物，是特色饮食中的一种。那先不说熊掌，可豹的内脏是从哪里弄来的呢？难道朝鲜半岛真的曾经有豹生长过？不仅如此，把那么可爱的鹿的舌头和尾巴当作最美味的食物，以现在的眼光来看的话，这些两班们真是冷血无情。不仅是许筠有这种饮食癖好，朝鲜后期的文臣成大中（1732—1812）在《清城杂记》中也曾写道，成功发起"仁祖反正"的权臣金自点（1588—1651）最喜欢吃的食物是刚刚孵化的小鸡和做成人形的饺子。这位果然也有着不逊于许筠老师的特别取向。

在那颗小小的红枣中，野参、牛肉和枣肉竟然融为一体，那么它的味道如何呢？

　　当权者对饮食的追求并非朝鲜王朝专有。无论古今中外，餐桌上的菜品都是区分有权者和无权者的标准之一。有文献记载称，法国王室招待宾客时，会将盛满食盐的盘子放在餐桌中央。之所以把食盐作为王室权位象征物，是因为当时的食盐就像黄金一样珍贵。虽然现在食盐很便宜也很常见，但在500年前，不仅是食盐，包括白糖、胡椒、生姜、肉豆蔻等调味品，都是欧洲王室或贵族们才能品尝到的珍贵食材。当今世界物质丰富，以至于很多人不知道食物的珍贵，而在以前，吃什么、喝什么都是一个人权位的象征。

　　拍摄《大长今》时，曾有一个场景是，为了满足挑剔的明朝使臣的口味，我做了一桌满汉全席。通过电视剧的介绍，满汉全席一时成为热点话题。但是电视剧播出后，有认真的观众指出，满汉全席从清朝才开始出现，将它献给明朝使臣是电视剧的一个穿帮情节。这件事也让我开始真正去了解满汉全席是如何诞生的：在清朝初期，由满族菜肴组成的

无论古今中外，餐桌上的菜品都是区分有权者和无权者的标准之一。

筵席被称为"满席"，由汉族菜肴组成的筵席被称为"汉席"。到了乾隆皇帝时期，他在自己60大寿时宴请了2800多名65岁以上的老人，这场寿宴网罗了众多满族和汉族的膳食，后来演变成今天的满汉全席。

以前去中国的时候，因为很好奇满汉全席究竟是什么样子，所以曾询问过当地的工作人员。其实有那么一瞬间曾期待过是不是能有机会品尝一下满汉全席，但当听到价格时，我立刻打消了这种想法——想吃到真正的满汉全席，一桌至少需要300万韩元！到底是有哪些东西，一顿饭要吃掉300万？据说真正的满汉全席，每天有两顿，连着四天，一共有

超过180种菜肴。而菜品和食材的种类更是让人惊讶得目瞪口呆——从燕窝、鱼翅、鱼肚，到驼峰、猴头，都不是朝鲜时期两班们吃的鹿尾、熊掌或牛骨可以比拟的。中国有太多特别的食物了，据说清朝最有名的美食家慈禧太后最喜欢吃的食物是用蚊子眼睛做的汤，听到这个故事以后，夏天一出现蚊子，我都会盯着它看，一方面是好奇它的眼睛到底长在哪里，一方面是琢磨这么小的眼睛需要多少才能做出一碗汤来。我的脑海中总是浮现出一些场景，比如为了每天能给慈禧献上一碗蚊眼汤，太监们和宫女们到处捉蚊子，以及因此清朝皇宫里的人在夏天不会受蚊蝇之苦的景象。

杰克·古迪的《烹饪、菜肴与阶级》一书中有以下一段话："在阶级差异显著的文化中，上层阶级比下层阶级更喜欢用珍贵稀缺的食材和料理方法，来为自己创造高级的饮食文化。"选择多种多样的食材，开发新的料理方法，为饮食赋予新的价值——正是因为有这种当权者的需求，我们的餐桌才变得愈发丰盛。

书桌上堆积的书和材料越来越高，其中记载的东西方当权者们对饮

食的品玩，使我脑海中闪现出这样一个疑问："朝鲜君王的饮食是什么样的呢？"十年前在拍《大长今》之前，我向韩福丽老师学习了有关御膳的知识，至今仍记得当初学过的几种食物，如神仙炉、蒸鲍鱼、蒸乳猪、桂芽象（用黄瓜、香菇、牛肉等食材做的饺子）等。在拍戏的过程中也接触到了一些宫廷饮食，最特别的是用鲸鱼肉做成的烤串。到现在我才意识到，如果朝鲜时期的两班们都吃过豹胎或熊掌等珍肴的话，作为万人之上的朝鲜君王，他的餐桌该是多么的绚丽丰盛啊，那是比我通过《大长今》了解到的御膳更加华丽的食物。带着这样的好奇心，我又去拜访了十年未见的韩福丽老师。

听到风在耳边吹过的声音，我的眼眶竟不觉地湿润了，大概是因为正是这道门打开了我与《大长今》缘分的缘故。

御膳桌上的餐具根据季节的不同也有所变化。从中秋到下一年的端午期间，要使用银器或铜器；从端午到中秋期间，则使用砂瓷器。碗主要使用白瓷，但羹匙和筷子还是用银制的，这是为了检测食物中是否有毒。

酱是韩国饮食中最基本的调味品。说韩国饮食的味道由酱来决定也不过分。在朝鲜王朝时期的宫中，设置有"酱缸房"，由酱库妈妈来管理，根据食物的不同，使用的酱的种类也是千差万别。其中具有代表性的几种酱如下：

宫廷酱的种类

宫廷大酱/酱油（清酱）：正月盛装，腌制1年至3年的酱。

花酱：正月盛装，腌制10年以上的浓酱。

陈酱：每年6月左右用黑豆腌制的酱，是御膳桌上最常见的酱。

初酱：陈酱中第一批出来的酱。

中酱：制作陈酱时中间出来的酱。

重大酱/酱油：用上一年腌制的大酱重新腌制而成的酱。

鱼肉大酱：将肉和鱼与酱引子一起埋进地下腌制1年以上的酱。

炒辣椒酱：在辣椒酱中放入肉，再烹炒而成的酱。

朝鲜王朝君王的饮食

十年后再访北村。高层建筑的另一边，像灰色波涛一样连绵的瓦房让人暂时遗忘了都市的嘈杂。在确定拍摄《大长今》后，有整整半个月的时间，我都一直在北村这些狭窄的巷道中进进出出。再次来到北村，十年前的情景犹在眼前，就连昌德宫和城墙对面"宫廷饮食研究院"屋顶尽头的风景，都和十年前一模一样。听到风在耳边吹过的声音，我的眼眶竟不自觉地湿润了，大概是因为正是这道门打开了我与《大长今》缘分的缘故。从淘米做饭，到刀工、煮菜、焯菜、炒菜，烹饪的基本功我都是在这里学习的。可以说，是这道门里的世界孕育了长今。

这时，正坐在木地板上品茶的韩福丽老师看见了我，立刻迎了出来。"这有多久了呀！"她一边说着，一边握住我的双手，对没有给我准备礼物和食物表示歉意。这时我才重新回到当年那个夏天，在十年后第二次跟韩福丽老师学习。十年前，我是来学习烹饪手艺；而这次，我是来寻找朝鲜君王餐桌中的意义。

御膳不是12碟而是7碟？

在韩福丽老师看来，5000年的民族历史中，饮食文化最鼎盛的时期是朝鲜王朝时期，她的讲述也是从朝鲜王朝宫廷饮食的故事开始的。或许是为了让像我这样的子孙后代能够知晓，朝鲜王朝的君王们通过《经国大典》《朝鲜王朝实录》《进宴仪轨》《进爵仪轨》《宫廷饮食发起》等文献，记录了礼仪、器皿、厨具、摆台、菜名和食材等饮食文化元素。但是这些记录大多都是关于宫廷宴会或节日的情况，而我想了解的是朝鲜君王们平常吃的是什么，难道长今和宫女们每顿费心制作的食物丝毫没有被记录下来吗？难道真的没有专门的文献来记录每顿饭吃些什么等这样细小的事情吗？正为此感到遗憾的时候，韩福丽老师告诉我，现存唯一一本记录君王们日常饮食的文献，是1795年正祖（1752—1800）十九年著成的《园幸乙卯整理仪轨》。正祖是党争牺牲品思悼世子的儿子，他在11岁送走自己的父亲后，跟母亲在充满明争暗斗的宫中生存了下来，或许正因如此，正祖对母亲惠庆宫洪氏非常孝顺。1795年闰二月初九，正祖在继位20周年之际，特地移驾父亲思悼世子的墓地显隆园，在华城给母亲惠庆宫洪氏庆祝60大寿。作为朝鲜历代最重视礼节规矩的君王，正祖离宫后去往华城的

现存唯一一本记录君王们日常饮食的文献，
就是《园幸乙卯整理仪轨》。

8天期间，日常生活和庆典的全部过程都被详细记载。这些内容足足记了8
本书，即《园幸乙卯整理仪轨》。《园幸乙卯整理仪轨》还记载了正祖在
去华城之前为母亲制作轿子的材料和费用、在汉江上修建舟桥的景象以及
移驾华城的过程。此外，还有在华城奉寿堂举行寿宴的情况，包括食物的
内容和烹饪方法、参加庆典的宾客名单，甚至为寿宴助兴的舞女都被详细
记载。这8本书不仅记录了寿宴的情况，还记录了
正祖和母亲平时的饮食，包括每天吃几顿，每顿
都有哪些餐点等内容。

　　结束了关于朝鲜王朝饮食文化的基本课程，终
于到了学习御膳的时候。不过，《园幸乙卯整理仪
轨》中对正祖所用膳食的文字记载和图片，跟我想
象中冒着热腾腾香气的山珍海味却有些不同。

　　据《园幸乙卯整理仪轨》记载，御膳每天有五
顿，分别是早晨起床后为了消除饥饿感的"初朝
饭"、相当于早餐的"早膳"、相当于午餐的"日

膳"、相当于晚餐的"夕膳"以及相当于夜宵的"夜膳"。本来觉得一天吃五顿是不是太多了，但在了解了每顿饭的内容后，才知道正儿八经的饭只有两顿，分别是早膳和夕膳，日膳只有面条或饺子等面食，初朝饭也只是简单的稀粥，夜膳就跟现代人吃的零食差不多。我自己也经常时不时地吃点儿玉米、巧克力或水果，按照御膳的算法，加起来一天也有五顿了。

《园幸乙卯整理仪轨》中对日常饮食的记载中最有意思的是膳桌上菜品的数量。根据《园幸乙卯整理仪轨》记载，正祖的膳食共有7种餐点，8天期间没有一天超过7种，但惠庆宫洪氏的餐点数有13至15种不等。有研究《园幸乙卯整理仪轨》的学者认为，由于正祖非常孝顺，因此他给60岁的惠庆宫洪氏特别准备了15种餐点，而自己还跟平常一样，只用7种餐点。虽然我能理解在重视孝道的朝鲜给母亲准备比自己更好的菜肴是理所当然的事，但总觉得有些不太寻常。在春节或中秋等传统节日，抑或是生日、婚礼等喜庆的日子里，每个人吃的东西都会比平常更加丰盛，何况是太后过大寿，为什么只有7种而不是12种？那高中教科

正祖的御膳只有7种菜品而不是12种？那高中教科书上说的12碟御膳到底是怎么回事呢？

书上说的12碟御膳到底是怎么回事呢？

跟我同龄的韩国女性大概在高中家务课上都学过摆桌的相关知识，餐桌上的菜品数通常分为3、5、7、9、12碟，最多的12碟是君王才能享用的膳食。但是通过这次学习，我才真正了解到什么是"碟"，随之更加惊讶于正祖所用的膳食为什么是7碟。

"碟"不是指餐桌上碗盘的数量，而是指除了米饭、汤、泡菜、火炉、蒸菜以外的菜品数量。二月十一日的晚餐，正祖在华城所用的膳食包括白米饭、河鱼汤、鱿鱼汤、烤杂散（多种蔬菜和肉类混合而成的食物）和烤鱼，佐餐有黄姑鱼、鲍鱼包等，各种华阳串（饼）和泡菜。其中除了米饭、汤和泡菜外，只有烧烤、佐餐和饼类三种，因此只有3碟菜。以此来计算的话，其他时候也不过只有3碟或4碟。而惠庆宫洪氏的餐点数从13种至15种不等，用"碟"来算的话，也只有7碟至9碟。如此看来，12碟御膳该有多么丰盛了。据说如果要准备12碟御膳，桌子上至少有21种餐点，那是桌子腿都难以承受的重量。

纪录片的顾问、首尔教育大学历史学教授韩圭镇说，朝鲜王朝的任何文献都没有记载说御膳是12碟，这种说法形成于旧韩末期。朝鲜末期，经过以高宗和纯宗时期最后一位尚宫韩熙顺为代表的尚宫们口口相传，才有了12碟御膳之说，也有了一些对于宫廷饮食的误解，其中最具代表性的是"九节板"。九节板是影视剧中膳桌上必不可少的一道膳

食，不仅如此，在韩定食餐厅里御膳套餐中也一定会有九节板。但事实上，九节板并不是宫廷饮食。那么，九节板是如何被误认为是宫廷饮食的呢？

九节板出现在20世纪30年代，它之所以能变身为宫廷饮食，跟旧韩末期沉痛的历史有很深的关系。旧韩末期，随着朝鲜王朝的没落，宫中的厨师们纷纷离开王宫，在宫外开起了餐馆，这些所谓的餐馆就是妓院。这些开妓院的厨师们，将当时进入朝鲜的西餐和日本料理与宫廷饮食相融合，创造出了丰富华丽的菜肴。再加上在宣传的时候说可以品尝到难得一见的宫廷饮食，哪有不吸引人的道理。特别是那些有钱的富人们为了吃上一口宫廷饮食，不惜在妓院门口排队等候。就这样，一些类似于九节板这样的食物就变身为宫廷饮食了。

据说12碟御膳也是在混乱的旧韩末期出现的说法。现在回想起教科书上对朝鲜君王御膳的记载，总觉得有些苦涩。

重现正祖的膳食

本以为跟韩福丽老师学习了《园幸乙卯整理仪轨》中记载的御膳菜品，关于宫廷饮食的学习就能毕业了，但是纪录片的制作方希望我能将学到的御膳重新展示出来，因为他们觉得亲自做出一桌御膳来，才能体现纪录片的真实性。对于制作方的要求，我无法反驳，只有"投降"。"好吧！试试看吧！都认真学习了，这点事儿还做不好吗？"抱着这样的想法，我提着菜篮出了家门。

开车10分钟，就到了家附近的两水里，两水里市内每隔5天有一次逢集（两水集）。搬家到汶湖里后，我最常去的就是家附近的超市和两水集了。一年下来，不少老奶奶见到我都会笑着说"美女来了啊"，一些我常去的店铺主人也跟我有说有笑。在两水集的入口附近，有一位卖佐餐、煮玉米和爆米花的老奶奶，我跟她很熟，甚至还交换了电话号码。一到夏天，老公和儿子几乎天天都要吃玉米，所以每次有不错的玉米到货的时候，老奶奶都会给我电话，而我们每次来的时候都会先买上能吃一个星期的玉米。逛集市就是要吃各种各样的小吃，鳀鱼肉汤面、糖饼、荞麦饼、煎饼……啊，光想着都直流口水。虽然这些食物在其他地方也能经常吃到，但是在热闹的集市里，吃着刚出锅的糖饼，或者用嘴"呼呼"地吹着热腾腾的煎饼，那种滋味是其他任何正餐都无法比拟的。

还有一种乐趣也是只能在集市中才能体会得到。"这个是什么？""这个叫三彩，第一次听说吧？尝尝，尝了以后就知道是什么味道了。因为它含有三种味道，所以叫三彩，抗癌效果是人参、大蒜、韭菜这些东西的6倍。""这个桔梗，我告诉你怎么做。里面不要放太多盐，要不然会又硬又苦，应该在里面稍放一点水，然后撒上一点白糖，腌上10分钟后搅拌均匀，这样就会又软又好吃。"我只问一句话，阿姨们就会把制作秘诀、各种效用等都说出来，那景象估计连美食家或食品营养学教授都只能甘拜下风。对于作为新手主妇的我来说，集市里大叔和阿姨们的建议，是相当的重要！

韩福丽老师亲自重新做了一桌闰二月初九正祖的早膳，并教给了我详细的烹饪方法。1795年闰二月初九，是正祖为了给母亲惠庆宫洪氏办寿宴，离开京城去往京畿道华城（现在的水原城）的日子。那天凌晨，正祖从昌德宫出发，在鹭梁行宫用早膳，在始兴行宫住了一宿。根据《园幸乙卯整理仪轨》的记录，在这8天期间，正祖日常饮食中最奢侈的就数在鹭梁行宫用的早膳和在始兴行宫用的夕膳了。虽然现在从昌德宫到华城只需要一个小时的车程，但在当时，要两天才能到达。再加上据说正祖希望能在路途中体察民情，命令众人减慢行进速度，所以就花费了更多的时间。

虽然君王和两班们都是坐轿子，但那也不是容易的事。在拍戏的时候，我曾坐过几次轿子，晃得那叫一个难受，近一点的距离还不如走着去。或许正是考虑到在行进路途中需要很多体力，司饔院（即御膳房）才会准备比平时更加丰盛的膳食。

虽然跟韩福丽老师一起做了一遍那天的膳食，但是真要自己一个人做的话，还是有很多环节记不太清楚。根据老师给我的笔记，我决定试着做一下其中的6道菜（红豆饭、凉拌桔梗、凉拌黄瓜、凉拌水芹、猪排、牛骨汤）。那天正祖的膳食中没有白米饭，取而代之的是红豆饭。

红豆饭是由粳米和糯米掺在一起，在石锅中用泡着红豆的水蒸煮而成。此外，根据季节的不同，宫中会采用不同的蔬菜来制作拌菜，制作方法跟现在的多少有些不同。虽然我想用自己的方法来做，但若想真实再现当年的御膳，就需要用韩福丽老师教授的方法，以至于多花了好几倍的时间。以凉拌桔梗为例，首先要将盐放入桔梗中以祛除苦味，再将桔梗放入开水中煮熟捞出，放入调料搅拌均匀，再将其放入油锅中翻炒，出锅后放上配菜，这才算制作完成。一道很简单的菜，也需要使用多种制作工序，正如韩福丽老师所言，朝鲜宫廷饮食最大的特点就是精诚。做完了凉菜后，就到了做排骨的时间了。今天的排骨相对来说比较简单，因为不用刀切，只要放上调料就行。但是跟现在常用日本酱油制作的调料不同，这种调料是由朝鲜时期的陈酱（腌制很久的酱，具有黑色的光泽，有一点甜味）和香油、蜂蜜、蒜末儿、葱末儿等调配而成。根据酱的不同，各种食物也会呈现出不同的味道，宫廷饮食很注重这些细小的差异，比如拌菜用清酱，肉类食物用陈酱，煮汤用鱼肉酱等。

　　因为我选取的是御膳中最简单的几道菜，所以至今为止都还是比较轻松的，但在制作牛骨汤时，我就开始头疼了。牛骨汤，是指用牛的头骨熬制成的汤，牛骨具有滋补暖身的功效，因此在冬天会作为补养食品

出现在君王的膳桌上。几天前，我从马场洞的农畜市场买来了一块牛头骨，没有拆开包装，就直接放进了冰箱。当我打开包装时，深红的血水哗哗地流了下来，胃里突然有股翻滚的感觉。我强忍着不舒服，将满是血水的牛头骨放进冷水中冲洗干净。到了该切骨头的程序了，看着布满纹路的牛头骨，突然感觉像是在切自己的头盖骨一样，心跳猛地加速，眉头也皱了起来。但是想到不能在紧盯着我的制作团队面前退却，我还是拿起了手中的刀。于是我将牛头骨切成小块，放入盐和胡椒使其

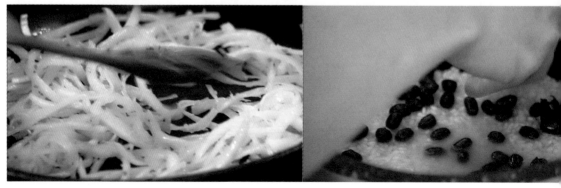

根据酱的不同，各种食物也会呈现出不同的味道，宫廷饮食很注重这些细小的差异。

入味，再拌上鸡蛋，放进锅中煎成饼状。煎好后，根本分不出来是牛骨还是肉饼或是海鲜饼，这样就能咽得下去了。如果见到了牛头骨的真面目，就算再滋补，估计也会难以下咽。最后将牛肉汤和葱花放入煮沸，牛骨汤就熬好了。后来我跟身边的朋友说我煮了牛骨汤，大家都问我是什么味道。事实上，那味道并不是很特别，就是鲜香爽口，非要做个类比的话，就像是不放油的牛肉汤。所以谁想要做牛骨汤，我都会劝他们最好不要看到牛头骨的原貌，因为，如果看不到牛头骨样子的话，这还是挺值得一尝的菜肴。

固守朴素饮食的朝鲜君王们

从《园幸乙卯整理仪轨》对于8天中正祖饮食的记载来看，君王的餐桌其实是很朴素的。这样看来，韩定食餐厅里的菜单就有些夸张了。在韩定食餐厅里，小菜多到至少有一半连筷子都没碰一下的机会，每当这个时候我都觉得很浪费、很可惜。在阶级社会的朝鲜王朝，统领一个国家的君王的餐桌，居然还比不上现在韩定食餐厅的菜单！

《园幸乙卯整理仪轨》中记录的
正祖水刺床（即御膳桌）上的佳肴名单

朝鲜宫内的御膳是从品目众多的食物中各选取少部分放在各自的盘子里，然后一同摆在水刺床上呈献给君王。图中还记录了进贡给正祖的御膳圆桌上除去酱油碟、加味酱碟、辣椒碟之外，还有七种菜肴。

❰ 1795年闰二月初九日，鹭梁行宫，正祖早膳菜单 ❱

盘（饭）	红豆饭
羹（汤）	鱼肠汤
炖锅（炖煮）	牛骨汤
烤肉	牛小排、牛蹄、鲻鱼、山鸡肉
（鱼虾酱）	鲍鱼、牡蛎、蛤蜊
菜（凉拌菜）	葫芦卷（将未成熟的葫芦瓜瓜瓤剪成长条，卷成的菜肴），水芹，青笋，桔梗，竹笋，蒜苗，青瓜（绿色皮的香瓜）
腌制菜（泡菜）	辣白菜泡菜

❰ 1795年闰二月十一日，华城，正祖晚膳菜单 ❱

盘（饭）	白饭
羹（汤）	鲻鱼汤
炖锅（炖煮）	生拌章鱼
烤肉	烤酱牛肉切片、烤鲻鱼
佐菜（小菜）	黄姑鱼鲻鱼干、腌鳕鱼、生野鸡肉茶食、鲍鱼干
菜	各种华阳串
腌制菜（泡菜）	萝卜泡菜

即使如此，正祖的7碟御膳也算是不错的了，据《朝鲜王朝实录》记载，甚至有一些君王的膳食只有三四道菜。据说英祖（1694—1776）很喜欢吃大麦饭，英祖在位期间，《承政院日记》中1768年7月28日有如下记载："香菇、生鲍鱼、小野鸡和辣椒酱这四种食物味道很不错，看来我的味觉还没有完全老去。"君王认为最好的食物是香菇、鲍鱼刺身、野鸡肉和辣椒酱，可见英祖的饮食偏好还是很朴素的，同时也可以推测出他平时的膳食不会太奢侈。

《李英爱的晚餐》的顾问申秉柱教授说，朝鲜王朝是以性理学为基础建立起来的，因此御膳自然会较为朴素。"性理学追求的圣君不是凌驾于百姓之上、贪图享乐的君王，而是要展示出完全的节制和节俭。而君王的御膳，可以说是性理学中所谓节约精神的具体体现中最具代表性的例子。"

朝鲜王朝的君王作为万千百姓的"慈父"，一举手一投足都要成为百姓的典范。因此，无论是穿的还是吃的，甚至是住的地方，都要比较朴素。突然想起了《大长今》中的一个场景：韩尚宫和崔尚宫为了争夺最高尚宫的位置，分别做三道菜来比赛。预备战中第二道菜的题目是"饥荒之年，百姓只能吃平时不吃扔掉的东西。用这些食材做成菜肴，同时只能做一种饭和一种汤。"

跟崔尚宫一组的今英和跟韩尚宫一组的长今，在听到这一主题后，碰巧选择了同一种汤，即牛骨汤。但在这一轮比赛中，韩尚宫和长今失败了。

看过这部电视剧的人应该还记得，为了找到高质量的骨头和肉，长今花了几天的时间到处寻觅，为了能使牛骨汤的味道更鲜美，她使用了民间很难找到的珍贵的牛奶。题目的要求是百姓能吃到的东西，但是长今却用了只有在宫中才能吃到的牛奶，因此当然会在这一轮中失败。

在拍完《大长今》后的很长一段时间，我都对这场比赛记忆犹新。

虽然电视剧中的比赛以及比赛中所做的食物可能是虚构的，但是君王的心意或许是真实的。

进贡品，来自全国各地的风味食材

一大早，我就跟老公说今天要做正祖的御膳，听到我这番豪言壮语的老公很是期待。但是在5个小时后看到这些食物的瞬间，老公满脸都写着"失望"二字。既然是宫廷饮食，至少也应该有神仙炉（火锅）吧，但是看到全部的菜品只有凉拌桔梗、凉拌黄瓜、凉拌水芹、猪排骨和牛骨汤，他的失望也是可以理解的。

所谓御膳，也不完全是一些奇珍佳肴。通过一些文献，可以推测出朝鲜王朝的御膳都有些什么菜肴。朝鲜王朝的御膳主要是用全国各地进贡的食品制作而成，而正祖时期的一本名为《贡膳定例》的书籍，记载了各种贡品的名称、数量和进贡方式等内容，其中包括这些被用作御膳的贡品目录。

先来看肉类目录，最近韩国人最常食用的肉类是牛肉、猪肉和鸡肉，但在朝鲜王朝时期却有所不同，据记载，野鸡、獐子和野猪是最多

被作为贡品进贡的。鱼贝类主要包括鲍鱼、螃蟹、章鱼、花蛤、红蛤、牡蛎、海螺等，其中最多的是鲍鱼，看来无论是过去还是现在，鲍鱼都是非常珍贵的食材。生鲜类也跟现在的不太一样，主要包括香鱼、鳕鱼、黄花鱼、鲻鱼、鲑鱼、青鱼、黄鱼、银鱼、桂鱼、扁口鱼、鲽鱼等，其中鲻鱼和香鱼是最多的。蔬菜类跟现在我们经常吃的蔬菜也没有什么太大的不同，最先映入眼帘的食材是竹笋。据说竹笋有醒脑的功效，因此有王世子经常吃竹笋的说法。作为两个孩子的母亲，我对王世子们常吃的食物很是关注。此外，橘子、海带、香菇、松蘑等也是每年的贡品目录中必不可少的食材。

进贡制度有百姓以奉养父亲的心意将自己培育并收获的食材献给君王的含义，而受到奉养的父亲也要全心全意为子女着想，以父亲的心来对待百姓是朝鲜君王的责任和义务，因此御膳中的菜肴并不是由君王自己随心选择，而是用百姓的贡品制作而成。

虽然进贡制度有不少弊端，但是朝鲜王朝一直没有将其废除，是有其缘由的。第一次见到韩福丽老师的那天，老师对我说："御膳房的尚宫和厨师用来自全国各地的时令贡品制作御膳，因此做出一桌膳食也意味着国泰民安。"老师的意思是，如果遇到大灾之年，御膳中就可能没有蔬菜；刮台风的话，鲍鱼或生鲜等海鲜也会没有。因此，一桌丰盛的御膳意味着国家的安定。据说，500年前的朝鲜君王通过御膳中的食材便可知道哪个地区有灾情、哪个地区刮了台风、今年的收成较往年是好还是差。坐在饭桌前去了解全国各地百姓的生活是否安定，是作为朝鲜君王应尽的责任。

回过头来看，《大长今》中也有中宗坐在饭桌前忧虑民生的一幕。"今年的饭菜不如去年，看来今年的收成似乎不是太好啊！"中宗的一句话，显示了当权者看到饭菜的情况而忧虑收成的父亲之心，也令我重新认识了这句蕴含深意的台词。坐在饭桌前看着全国各地百姓精心选贡

的贡品，朝鲜的君王便可以穿越深宫，了解百姓的生活。

吃的乐趣是人活着不可或缺的东西，我本身也是一名"吃货"，尤其是成为主妇和母亲之后。因为老公喜欢在家吃饭，所以每天一到下午4点，我的脑子里就像有个闹钟似的，会准时地发出"今天晚上吃什么呢？"的信号。用整棵酸泡菜炖青花鱼？用冰的水萝卜泡菜汤泡素面？用切碎的南瓜叶来煮大酱汤？将蛋黄、蟹肉和大米混合在一起放在蟹壳里蒸蟹壳饭怎么样？要不干脆出去买酱螃蟹？光是想象着这些食物的味道，我都会很开心；而当想象中的味道出现在舌尖的时候，我的神经就会高度集中。

看着全国各地百姓精心选贡的贡品，君王便可以了解百姓的生活。

在准备纪录片的期间，不仅是韩国饮食，我还接触到了很多外国饮食的故事。据传法国的玛丽·安托瓦内特王后对没有面包吃而饥寒交迫的百姓说，"没有面包的话，那就吃蛋糕吧！"但一位人文学教授告诉我，这只是谣传，并不是事实，这段传言之所以如此有名，有其特殊背景，即法国的王室和贵族对王宫城墙之外的百姓生活几乎一无所知。教授说，朝鲜王朝的君王不同，他们通过御膳使用的贡品便可了解百姓的生活。虽然看到他们不能完全安心地拿起碗筷吃上一顿饭觉得有些可怜，但是能在这样的君王统治的土地上生活，也是一件值得骄傲的事。

朝鲜时代供奉给君王的特产

在将各地区的特产进贡到皇宫时，曾流传下来很多有趣的故事。我简单地整理了一些。

京畿道&首尔

骊州利川/米 300年前，骊州进贡到宫中的特产"紫彩米"，是被装到到黄布帆船上后运送进汉阳宫内的。

坡州/长湍豆 坡州长湍地区生产的豆子1913年在大韩民国获得大豆品种奖第一名，并被获得"长湍白目"的称号。

加平/松子 由于产量占全国总产量的45%，朝鲜时代作为加平郡的代表农作物进贡给国君。

首尔（京畿道南扬州）/美味梨 朝鲜时期负责护送端宗（1441—1457）到江原道宁越郡的禁府都事王邦衍因严格执行世祖（1417—1468）命令，即在护送端宗的过程中，不可以给口渴的端宗喝一口水，而非常埋怨自己，在结束任务回到首尔后，因负罪感辞去官职，隐居在烽火山脚下的中浪村边。怀着这样一颗赎罪之心，开始与笔墨为友，种植梨树。一生都在自我埋怨中度过的王邦衍，临终前，要求自己死后把身体埋在去宁越郡的路上，并在其坟墓周边种上梨树。

从此以后，流传着王邦衍种植的梨树不断长大，令新内洞周边一带以种植梨树出名的故事。肃宗时将其命名为"美味梨"，因为糖度高，味道好吃，所以供奉给了国君。

全罗道

全北淳昌/辣椒酱 淳昌辣椒酱是朝鲜时代进贡给太祖（1335—1408）的贡品，以鲜红的色泽、隐隐的香气和卓越的味道出名。

全罗道一带/竹笋 从2月份开始到5月中旬，可以收获的竹笋分别有生竹笋和腌竹笋（泡在盐里的竹笋）。生竹笋是全罗道的谷城、光州、陵州、淳昌和昌平等地的贡品，淹竹笋是全罗道的求礼、谭阳、长城等地的贡品。

将淹竹笋另外进贡是由于朝鲜王朝在宗庭大祭等国家活动是总是要以竹笋泡菜作为供奉的物品。

全南莞岛/鲍鱼 在李源祚（1841年，济州文社文人）的《耽罗志草本》中详细的记载了进贡品目。在进贡品目中最吸引人注意的是"追鳆，引鳆，條鳆"，这些都指鲍鱼。

全南高兴/安石榴 在朝鲜正祖时发行的书册《贡膳定例》中记录了全南高兴栽培的水果石榴作为贡品进贡给了正祖。

济州岛

橘子 朝鲜时代的济州为了便于橘子的进贡，在各个地方都设立并经营了果蔬园。在《经国大典》中也有记载。果蔬园的正式建成是在1526年，由李寿童牧师组建的。橘子主要用在国家祭祀活动或是接待国内外宾客时。橘子的进贡大致上用最早熟的唐金橘，从金橘成熟开始，每隔10天向朝廷进贡20批。

黑牛 《朝鲜王朝实录》和18世纪著作的《耽罗巡史图》，《耽罗纪年》等都记载着将黑牛向王进贡之事。

现今在畜产振兴园中血统纯正的黑牛有136只。

香菇 根据《世宗实录》的记载，1421年正月济州进贡的物品介绍中，有柑橘、柚子、洞庭橘、青橘等，再有就是香菇与榧子。记载中礼曹向王建议持续当季特产物的进贡，但王下令免去济州此种进贡。由此可以看出香菇早已成为进贡物品。

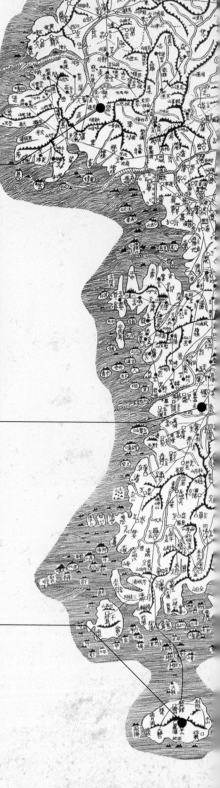

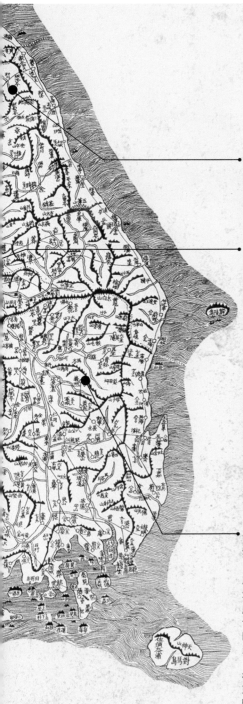

江原道

麟蹄/蜂蜜 因为江原道麟蹄的蜂蜜非常甜，味道也非常好，就成为了江原道观察使最为重要的进贡物品。

三陟/姑浦海带 根据记载，姑浦海带从高丽时代就开始输出中国，不但是进贡给王的贡品，而且是只有在宫中才能吃到的珍贵之物。

忠清道

忠南连山/乌骨鸡 从朝鲜的第19代君王肃宗(1661—1720)得了重病后，吃了连山乌骨鸡后恢复健康开始，忠清道就将乌骨鸡作为特产每年进贡给君王。另外还有在连山生活的叫做李亨钦的通政大夫，将乌骨鸡进贡给了第25代君王哲宗的记录。

忠南瑞山/牡蛎 在正祖实录中记载，西海岸附近的自然产牡蛎味道及营养非常出众，所以成为了贡品。西海岸牡蛎的生产时期是冬季，汉阳的司襄院（朝鲜时代掌管进贡食物的机关）在运输过程中，为了保持新鲜状态，在每个驿站都要准备好冰，将装牡蛎的盒子填满冰块后再去往下一个地点。还有就是，像这种在石海当地做好后的牡蛎因为味道非常棒，所以常作为礼物送给明朝的皇帝。

忠南保宁、唐津、德山等地/鲻鱼 世宗（1397—1450）十一年(1428年）明朝为了寻找干鱼品，曾派使者去朝鲜。相传他们在归国时带走了440只鲻鱼。在当时进贡对明朝的最高级的鱼种就是鲻鱼。在冷藏设施还不发达的朝鲜时代，忠清道主要进贡生食品，干鱼品的进贡主要是从全罗道开始的。

忠北报恩/黄土大枣 许筠（1569—1618）的《屠门大嚼》中记载"报恩县生产的大枣是最好的"，《世宗实录地理法》与《东国兴地胜览》中也同样记载着"报恩大枣是进贡给君王的名品"。

庆尚道

安东、盈德、奉化/银鱼 洛东江为了保存进贡品银鱼，建了安东石冰窟（宝物第305号）。

庆北 尚州/柿饼 据《睿宗宝录》中记载尚州柿饼是进贡给君王的贡品，还有在1530年编写的《新增东国兴地胜览》中也有同样记载。

庆北盈德、蔚珍/巨蟹 翻看高丽末期的学者兼政治家权近（1352—1409）的《阳村集》，可看到以下记载："公元930年太祖王建在安东河回村院附近的屏山书院重创甄萱军队。这时除安东地方的士绅以外，管理当时领海部的领海军士也以土豪势力参加到战役中。"作为报答，王建（877—943）来到凌海及盈德，相传王建在现今的丑山面景汀里茶油村第一次吃到盈德巨蟹。因为它相当美味，盈德巨蟹直到朝鲜时代，一直都是进贡给君王御膳桌的珍品。朝鲜初期，将地方特产供到中央政府时，就将巨蟹放在御膳桌上，让君王食用。但是因为吃巨蟹时的君王模样，感觉有不庄重威严，所以有一段时间没有摆上御膳桌。但被巨蟹独特美味吸引的君王，命令将巨蟹重新放回到御膳桌上。

奉君王命令的臣子为了寻找巨蟹而走出宫外，经过数月的寻觅，终于在现今的东海盈德丑山面竹岛中，找到了渔翁捕捞到的巨蟹。

庆南南海/柚子 冬至月时，与橘子一同进贡的食品是朝鲜时代的柚子，当时它被用作色彩装饰的配菜或是提香的调味料。

朝鲜的君王，以膳桌与百姓相通

朝鲜的君王们通常会通过餐桌来试着体恤百姓，但方法并不局限于简朴的御膳。在天灾或瘟疫之年，百姓生活困苦的时候，君王的餐桌也会有所反映。在这次拍摄纪录片的过程中我才知道，为了与百姓共患难，君王会进行减膳（减少菜品的数量）或撤膳（撤掉荤菜）。成宗（1457—1494）十二年七月，因为大旱，百姓生活困苦，成宗向承政院下令，"中殿和大殿的午餐上水伴席"。水伴席用今天的话来说就是水泡饭，主食是水泡白米饭，小菜是炒辣椒酱、咸黄鱼干和拌萝卜丝。不仅如此，据《朝鲜王朝实录》记载，成宗曾经减膳千余次，一次减膳的时间短则三四天，长则有一周到十天的时间。子女疼的话，父亲的心会更疼；子女饿的话，哪怕面前是山珍海味，父亲也难以下咽——这就是父亲对子女的爱。通过减膳制度可以看出，朝鲜的君王在百姓面前并不是一副高高在上的姿态，而是像父亲一样的存在。申秉柱教授表示："朝鲜王朝对内对外都不是强势的国家，但却统治了这片土地长达500年，500年是非常长的时间，或许正是因为君王将百姓视为子女的性理学精神，才能有此结果。"并不是朝鲜的所有君王都执行过减膳和撤膳制度，朝鲜王朝500年期间，曾经有27位君王，其中有明君也有暴君。但令人惊讶的是，在这27位君王中，只有两位没有减膳的记载，这两位君王分别是燕山君（1476—1506）和光海君（1575—1641）。

【肃宗七年（辛酉年1681年）《国朝宝鉴》】

当年朝鲜发生地震，数日之内余震不断，举国惶恐。朝廷将此次灾祸视为上天示警，肃宗发出『罪己诏』：『……而仁天之警告，若是其谆谆叮咛耶？静言思之，咎在一人。』又下旨求言，『以匡不逮』。同时还命宫中立即开始『减膳、撤乐、禁酒等事宜』。

【英宗四十七年（辛卯年1771年）《国朝宝鉴》】

当年五月出现大旱，英祖以『六事』自责，命减膳。不久下雨，礼部官员请求恢复往日膳食，英祖以其他各道是否降雨尚未可知为由，没有准许。

【正祖十九年 乙卯（1795年10月17日）《朝鲜王朝实录》】

当年农历冬十月，有冬雷异象，正祖颇觉不安，担心是因为自己德行有亏而招致上天示警，于是要求臣下进言：『咨尔喉舌，论思言责之臣，极言毋讳，启我昧昧之思。』同时表示要自当天开始减膳三天。

【纯宗二十八年（戊子年1828年）《国朝宝鉴》】

当年冬十月某日夜间出现冬雷，朝野震惊。纯宗发出『罪己诏』，主动承担灾变之责：『灾不虚生，必有所召，召灾之本，其在余躬。』他『抚心自愧，继又哀痛』，并要求廷臣『各进忠言，以为遇灾修省之道。』最后还表示：『自今日减膳三日。』

《朝鲜王朝实录》与《国朝宝鉴》内所录的减膳记录

每当国家发生灾难之时，君王总会忧心百姓的疾苦，看到这些古籍中记载的君王减膳记录时，《大长今》中都承旨和君王关于减膳的对话场景又重现于脑海之中，想到这些，我的心里也感到暖暖的。

【世宗二十二年（1440年4月22日）】

当年春夏之交，朝鲜出现了旱情，世宗获悉后，表示要减膳。左承旨成念祖上书认为，今年的旱灾还没有达到非常严重的程度，稻田也没有干涸，所以请求世宗停止减膳。世宗则表示将按照天气情况慢慢减膳。

【成宗十二年（1481年7月12日）《朝鲜王朝实录》】

当年夏季出现干旱，成宗命承政院传旨，表示当前旱灾日趋严重，应减免百姓对鱼肉的上贡，而且宫中君王与诸妃的午膳只食用『水泡饭』即可，同时还要求承政院和御膳房不要再上不减膳的进言。

第二章 从王的御膳到百姓的饮食

在轻风和阳光中能感觉到微妙的变化。在汶湖里，更能体会到季节的变化。路两旁的树叶被染成红色，让人惊觉秋天的到来。跟大城市里不同，汶湖里的秋天，路边有野花，草丛中有虫子的叫声，田里的庄稼结着沉甸甸的果实……所有的一切都在告诉人们：秋天到了。

小巷的尽头，一位邻居家的老奶奶说要收割地瓜，于是我和孩子们来到老奶奶家院子前的地里帮忙。老奶奶锄了几次地后，被藤蔓连着的地瓜就一串一串地被挖了出来，不知道为什么我挖的地瓜总是一块一块地连不起来。

　　看来挖地瓜也是需要技巧的。不管怎么样，在大家的帮助下，我带来的篮子很快就装满了地瓜。不仅是这位老奶奶，其他很多人家都会将收获的东西跟邻里分享，这种分享秋季丰饶的情景，也跟城市里不同。在成熟的时节，为了寻找朝鲜王朝的其他饮食，我又踏上了去往庆尚北道英阳的路。

330年，寻找两班饮食的旅行

　　凌晨从家出发，在车上昏沉沉地睡了5个小时后，到达了庆尚北道英阳的一个小村庄。放眼望去，村庄道路两边古木参天，古老的韩屋屋檐一个紧挨着一个，到处都释放着古朴的气息。村子最深处是材龄李氏的宗家，穿过被深红色的藤蔓缠绕的土墙进入大门，一座朝鲜时代的厢房映入眼帘。似乎没有比这里更适合挖掘那个时代厨房里秘密的地方了。在材龄李氏第13代宗妇赵桂芬女士的指引下，我见到了蕴藏着330年前朝鲜王朝时期

料理秘诀的书籍《饮食的秘方》。《饮食的秘方》是330年前由石溪李诗明（1590—1674）的夫人安东张氏（张溪香，1598—1680）撰写而成。作为东亚地区第一本女性烹饪书，这本书记录了从面条、饺子、年糕等面食，到鱼肉类、蔬菜类，以及酿酒和酿酱的方法等146种饮食的烹饪、制作方法。养育10个孩子的同时，在六七十岁时写下这本书，安东张氏夫人的热忱和辛苦不得不令人感叹。她还在书的结尾处嘱咐道："在眼睛不好的情况下辛苦地写下了这本书，希望子女们能明白我的苦心。如有需要，可以将书的内容抄写下来，但不要拿走。切记好好保管此书，不能毁坏。"通过这些字句可以看出，老人希望家族的传统能够传承下去。多亏有了安东张氏老人的辛苦，像我这样的后人才能了解到300年前的饮食文化，对我们来说，这是多么幸运和值得感激的事啊！

我见到了安东张氏于330年前写的东亚历史上最早的女性料理书籍《饮食的秘方》。

　　以《夺宝奇兵》中哈里森·福特发现圣柜的心情，我将《饮食的秘方》通读了一遍，其中有一些有意思的内容想在这里跟大家分享一下：

　　"在新鲜的鲍鱼表面涂上一层香油，将其放进缸中装满，再倒上一些香油，这样存放的鲍鱼可以长时间保鲜。"

　　"用面粉熬粥时，在粥里稍放上一点盐，再将熬好的粥放进新坛子里。将桃子放到粥里，密封好。用这种方法保存的桃子即使在冬天吃也跟时令水果一样新鲜。"

　　那个时候没有冰箱，想保存鲍鱼这样的海鲜以及像桃子那样易腐烂的水果并不是容易的事，而老人用那些材料就令这些食物得以保鲜，这样的智慧在书中处处可见。

　　不仅如此，书中还有一些段落可以感受到老人的手艺。"鲑鱼子

要晒干存放，变苦的时候放进水里泡一下，就可以用来做酱油汤了。此外，如果将鲑鱼籽放在小坛子里再放进酱缸腌的话会变苦，放盐多的话也会苦。"当时的皇亲贵胄们很喜欢吃鲑鱼籽，而这就是保存和制作鲑鱼籽的秘方。

书中还记录了如何煮出美味牛肉的方法。"先用大火将水煮开，将牛肉轻轻放进煮开的水中，将火稍微调小一点继续煮。这时不能盖上锅盖，因为只有这样肉才不会有毒性。万一肉又老又硬的话，可以放一点苦杏仁末和芦苇叶，这样煮出来的肉就会又软又嫩。"

仅仅几段内容，就能看出安东张氏老人的料理手艺完全不逊于长今。在赵桂芬女士和"饮食的秘方保存研究会"会员们的帮助下，我开始学习安东张氏老人的手艺。或许是由于先拜读了老人的烹饪书，所以

莫名地有着一种不同于学习宫廷饮食时的兴奋感。今天我学习的饮食有5种，分别是贫者饼、拌杂菜、冬瓜串、鱼饺和蒸笋鸡。

绿豆饼的前身，贫者饼

将去皮的绿豆磨成粉，加水搅拌成浆状，舀一勺均匀地涂抹于烧热的煎锅上，在上面放上用蜂蜜和豆沙拌成的馅，再用一层绿豆浆盖上，煎至金黄色出锅——这就是贫者饼。又香又甜的味道立刻将我肚子里的馋虫勾引了出来，对于喜欢吃甜食的我来说，蜂蜜和豆沙的味道充满了诱惑。因为太想快点吃，于是我都没用筷子，直接用手将刚刚煎好的贫者饼从锅里拿了出来。离开的时候，赵桂芬女士将做贫者饼的食材都买来送给我，她的热情和厚道令我很是感动。很想快点回家做给孩子们吃，这可比一般的面包或糕点都要好吃得多。

赵女士告诉我，这个我平生第一次见到的贫者饼，竟然是现在我们常吃的绿豆饼的前身。现在我们通常把绿豆饼当作一道菜看，但在朝鲜时期，贫者饼是糕点的一种。

大田保健大学传统烹饪学教授金相宝说，1634年编撰的《迎接都监仪轨》中记载了当时在招待明朝使臣的饮食中有一道叫做

"饼者"的食物，即将绿豆磨成粉状后，用香油煎成。但是10年后，另一本《迎接都监仪轨》中将这种食物称为"绿豆饼"。在后来的《饮食的秘方》中提到的"贫者饼"，是在绿豆饼中放入豆沙，因此与之前的"饼者"不同。

贫者饼是如何演变为现在的绿豆饼的呢？这其中有不少传说。金相宝教授说，饼中的豆沙逐渐被各种蔬菜和野菜代替，量也越来越多，于是慢慢演变为现在的绿豆饼。

饼名称的由来也很有意思。有书籍记载称，贫者饼的名字来源于中国，"贫者"即穷人，贫者饼就是穷人吃的饼，于是王室将其改名为绿豆饼（Bindae Tteok）。还有一说是在首尔有一处因臭虫多而被成为臭虫沟的地方，那里有很多煎饼店，于是贫者饼就慢慢变成了绿豆饼（臭虫饼，Bindae有臭虫的意思）。作为当今最具代表性的平民食物之一，绿豆饼在朝鲜王朝时期竟然是皇亲贵胄才能吃到的珍肴，这一点令人觉得很神奇。

用野鸡肉做的杂菜在宫中很受欢迎

　　杂菜是韩国人的餐桌上不可或缺的国民料理，但是我们在做杂菜时使用粉条的历史还不到100年。粉条也被称为"胡面"，在中国有很久的历史。1919年日本在黄海道设立了粉条工厂，开始大批量生产粉条，粉条才开始出现在我们的餐桌上，在杂菜里放入粉条也是那时之后的事情。那么，朝鲜时代的杂菜是什么样子的呢？

　　宗妇赵女士做的杂菜跟现在我们常吃的杂菜大相径庭。杂菜的"杂"有混合的意思，"菜"就是指蔬菜。从名字可以知道，"杂菜"的原型应该是混合有各种蔬菜的食物。根据《饮食的秘方》记载，制作杂菜的食材包括黄瓜条、萝卜、蘑菇、香菇、绿豆芽、桔梗、干匏瓜条、荠菜、葱、楤木芽、蕨菜、菠菜、冬瓜和茄子等。虽然列举的蔬菜有20多种，但是根据季节的不同，蔬菜的种类还会有一定的变化。

　　将这些蔬菜都切成1寸长（3.3厘米），在锅里翻炒。代替粉条的食材是野鸡肉，将野鸡肉煮熟后撕成细条，放进锅里，再在上面浇上汤汁

即可。汤汁的主原料是野鸡汤，在汤里放入香油、面粉和胡椒，熬成糊状，即成杂菜的汤汁。将各种蔬菜和野山鸡调和在一起，味道既清淡又鲜美，可谓食中极品。或许正是被这种鲜美的味道所吸引，据说如果餐桌上没有杂菜的话，光海君连碗筷都不会碰一下。由此看来，杂菜在宫里是很受欢迎的。

《饮食的秘方》中两班之家的食物——鱼饺

虽然现在饺子是非常常见和普通的食物，甚至不能被称为料理，但是在朝鲜王朝时期，饺子在饮食中具有非常高的地位。朝鲜时期的饺子皮多用荞麦面制作，而非普通面粉，虽然现在的面粉比荞麦面要便宜，但直到100年前，麦子都是从中国华北地区输入进来，像金粉一样贵重，因此用面粉做的面或者饺子，即使在宫里，也只能在非常特别的日子才能吃到。

《大长今》中有一幕是长今和今英比赛做饺子，但是长今把非常贵重的面粉给弄丢了，陷入了无法制作饺子皮的危机。于是长今另辟蹊径用白菜做饺子皮，用南瓜做馅，做出了"白菜饺子"。但是因为弄丢了珍贵的面粉，长今最终还是在比赛中遭遇失败。现在回想起来，长今能想到用白菜来做饺子皮，还真是个不错的点子。朝鲜时期的饮食家难道不会去找一些能够替代面粉的食材吗？《饮食的秘方》中提到的鱼饺，饺子皮便是用鲻鱼肉制作而成的。

鱼饺的制作方法是，将鲻鱼肉切成薄片做成饺子皮，馅的制作方法是将牛肉沫和蘑菇以及蛋清粉放一起搅拌，再放入锅中翻炒。将炒熟的馅放入鲻鱼肉片上，在上面涂上一层芡粉，再将鱼片卷成月牙形，然后放入蒸笼中蒸熟即可。虽然在现在这是非常罕见的饺子，但在朝鲜时期，鱼饺比用面粉做的饺子更常见。

此外，还有将大酱、生姜、胡椒和花椒等调料放进小鸡仔的肚子里蒸制的蒸笋鸡，将各种蘑菇和蔬菜放进两片冬瓜片中间做成的冬瓜盒，将拌有鸡蛋的面条放入野鸡汤中烹煮的热面等。在《饮食的秘方》中出现的食物对很多人来说，无论是名称还是制作方法都很陌生。300年的时间里，

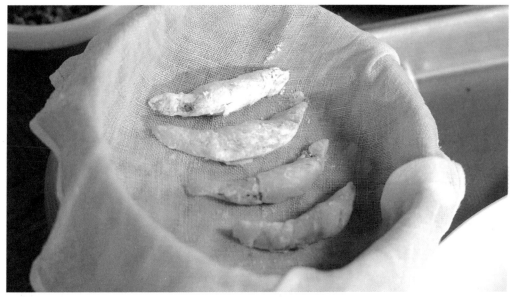

在朝鲜时期，鱼饺比用面粉做的饺子更常见。

出现在我们餐桌上的食材，以及我们自己的口味都有了很大的变化，因此对《饮食的秘方》中出现的食物不熟悉也是理所当然。但是对我来说，这里面的食物并不是很陌生，因为其中有10年前我出演的《大长今》中出现的食物，也有今年夏天我在学习宫廷饮食时接触到的食物。

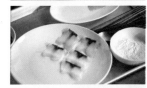

如此看来，朝鲜王朝的宫廷饮食和英阳材龄李氏家族的饮食有很多相似的地方。从王宫所在地汉阳到庆尚北道英阳的距离超过300千米。现在我们通过网络或电视，可以非常容易地接触到全国各地乃至世界各地的美食，但在300年前，300千米就相当于现在从地球到月球的距离。那么，御膳桌上的食物是如何原封不动地传到庆尚北道的两班家的呢？对朝鲜时代的饮食文化了解得越多，我的心情就越像是站在拼图碎片前的孩子一样，迫切地想知道将这些拼图碎片都拼起来后将会呈现出什么样的图案。

藏有两班之家饮食秘密的《搜闻事说》

从1990年踏入演艺圈开始，我出道已经将近25年了。成名后，我基本上没有再去过图书馆。虽然期间因为要完成硕士课程，去过几次学校的图书馆，但是图书馆的记忆在我的脑海中已经非常模糊了。在拍摄这部纪录片的时候，我去了几次图书馆，而且是在韩国读者人数最多的中央图书馆。还好我去的古文献室人不多，而且多沉溺于书中，所以几乎没有人认出我来。

每次去中央图书馆，我都需要图书管理员或文献专家的帮助。事实上，所谓古文献，即使书中说的是关于饮食的故事，也不会是特别有意思的内容。虽然图书管理员和文献专家非常辛苦地将这些古书中的内容一句一句地给注释出来，但是令我感到对他们很抱歉的是，大部分内容读起来还是枯燥乏味，很难在脑海里留下印象。

　　当然也有例外，比如《搜闻事说》。用一句话来形容《搜闻事说》的话，它就是18世纪版本的百科全书。打开《搜闻事说》的那一刻，我仿佛来到了既陌生又神奇的18世纪。

　　《搜闻事说》是肃宗时期的太医李时弼（1657—1724）根据自己在生活中的所见所闻写成的书。该书记录了当时从海外进入朝鲜的各种新

奇事物、各种疾病的治疗方法，以及当时两班之家喜欢吃的食物和烹饪方法等内容。

当然我最关心的是饮食！李时弼将关于各种饮食的内容单独整理成一部分，标题为《食治方》，其中记载了朝鲜王朝时期各种奇特饮食的故事。李时弼的文笔可读性很强，因此我很快便将这本书读完了。在这里我想跟大家分享几种在书中出现的有意思的食物。

"阶梯汤"！有人听说过吗？刚开始我还以为作者将"鸡蛋汤"错写成了"阶梯汤"（韩语中"鸡蛋"和"阶梯"的写法和读音相似），后来才发现它跟鸡蛋汤是完全不同的两种食物。李时弼写道："我去燕京的时候喝过这道汤，味道清淡细腻，后来我把它引入到朝鲜。燕京的食物都用猪油来做，我将猪油换成了香油，这样一来就没

有那么油腻了。"接着他介绍了阶梯汤的做法：在烧热的锅中，放入适量的香油，再将事先打好的鸡蛋放进锅里煎熟，这便是在18世纪的燕京非常有名的阶梯汤。之后我去宫廷饮食研究院找韩福丽老师的时候，曾拜托她做过一次阶梯汤，发现做法实际上跟煎鸡蛋很相似，而样子很像西方的炒鸡蛋。在朝鲜时期就已经有了煎鸡蛋，不得不说是一件神奇的事。

不仅如此，作者还介绍了自己在日本吃过的可麻甫串。《搜闻事说》中提到的可麻甫串跟我们常吃的鱼丸还是有一些差异的。"先将鱼肉切成薄片，在上面放上用猪肉、牛肉、蘑菇、海参、葱和辣椒等混合后切碎制成的馅，再卷成筒状，煮熟即可。"根据这段话可以知道，可麻甫串就是用鱼片卷上各种食材制成的"鱼片包饭"，当时日本的鱼丸

并不是包鱼肉，而是将鱼肉作为外皮来包其他食材。此外，书中还介绍了来自日本的西国米以及来自中国沁阳（河南省北部地区）的蒸豚（炖猪肉）。朝鲜王朝500年期间，饮食变化最大的时期便是朝鲜后期，那时朝鲜跟清朝时期的中国和倭国（日本）贸易往来非常频繁，随之各种食材和炊具进入朝鲜，使朝鲜的饮食发生了很大的变化。比如宫廷饮食代表之一的"神仙炉"，是在《搜闻事说》中被首次提到，或许可以认为它也是朝鲜后期才出现的一种饮食。

在前面也说了，我在出演《大长今》之前，曾跟随韩福丽老师学习

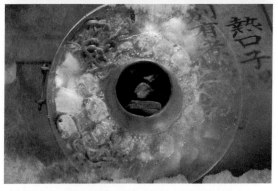

"神仙炉"在《搜闻事说》中被首次提到，可以认为它是
朝鲜后期才出现的一种饮食。

了20余种宫廷饮食，其中神仙炉是给我留下深刻印象的饮食之一。每
当有记者或朋友问我"在这些宫廷饮食中有哪些是亲手做过的"时，我
常常最先回答的就是"神仙炉"。并不是说宫廷饮食中我只会想到神仙
炉，而是由于它所需食材的多样以及摆上桌后的壮观景象，是其他饮食
都无法比拟的。制作神仙炉的食材包括猪肉丸、牛肉、牛内脏、鱼肉、
红蛤、海参、大蒜、芋头、蘑菇、芹菜等所有的山珍海味，但事实上神
仙炉只是火锅这种餐具的名字，而非菜品的名字。原本这种菜品的名字
是"悦口子汤"，意思就是"好喝的汤"。悦口子汤被称为神仙炉是20

世纪的事情，所以在《搜闻事说》中用的名字自然也是悦口子汤。据该书记载，神仙炉这种餐具来自中国，用它来煮悦口子汤，在野外聚餐时或冬季的夜晚，大家聚在一起，一边饮酒一边喝汤，是非常惬意的事。有意思的是，李时弼还补充说明：一个人吃悦口子汤不怎么有味儿，但是几个人一起吃的话就会觉得很好吃。

读完这段后，我想起了以前在中国吃过的"火锅"。火锅的样子和神仙炉很相似，尤其是中间都是放炭火的圆筒，周围是放汤汁和食材的地方。不同的是，神仙炉是将所有的食材全部都放进锅里一起煮熟后再吃，而火锅则是将食材放进煮沸的汤水中边煮边吃。虽然制作方法、食材和味道都有所不同，但在数百年前，根据同样的一种餐具，中国人发明了火锅，韩国人发明了神仙炉。

无论古今中外，厨师这个职业开始有一定社会地位的历史并不长。100年以前，厨师的身份和地位都很卑贱，哪怕手艺再好，做出的饭菜再美味，也不会有人记得厨师是谁。但据该书记载，发明烤鲫鱼的人是司仆寺（朝鲜时代管理车马、牧场等相关事务的机构）中的巨达（司仆寺中管理马匹的下级职务）"池然男"，发明蒸鲫鱼的人是子学院官员"闵继秀"家里的下人"车顺"。书中详细记载了一些菜品的发明者、学习者以及味道如何等内容，可见李时弼是一个细心周到的人。也正因此，这些资料让后人了解了一些菜品是如何被传承下来的，这令我对李时弼先生的敬意油然而生。

两班家和宫廷的饮食并没有太大的不同，这一点在《搜闻事说》中也能发现。《搜闻事说》中提到了一种名为"黄子鸡馄饨"的食物，名字听起来很令人费解。这里的"黄子鸡"是指黄色的母鸡和火鸡，"馄饨"是一种类似于饺子的食物。通过名字可以知道，这种食物是用黄母鸡和火鸡肉包成的饺子，这种饺子需要放进汤水里煮，跟水饺很相似。据书中记载，这个食物由供职于司饔院的"权他石"发明，后被御厨

"四锁"和"小李子"传承并发扬。这是两班家的饮食传到宫中的典型事例。

黄子鸡馄饨并不是唯一一种从宫外传到宫里的饮食。《搜闻事说》中记载了各种御膳菜品，包括因味美而被君王圈点的蒸冬瓜，由御厨"小朴子"制作的芋头饼等，为了给龙体欠安的景宗补养身子而做的鲫鱼粥也曾使龙颜大悦。

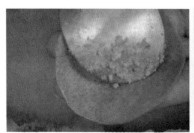

《搜闻事说》中介绍了一种名为"黄子鸡馄饨"的食物，它是用黄母鸡和火鸡肉包成饺子再放进汤水里煮熟而成，类似于水饺。

进贡君王的食物（《搜闻事说》摘录）

〖 冬瓜蒸 〗

在小小的冬瓜上开个洞，放入野鸡肉、鸡肉、猪肉等各种食材和少量油酱料，再用炖鲫鱼把洞填满。将冬瓜用纸包住，然后在周围抹上土，埋进文火里烤熟。烤熟后的冬瓜就像泥土一样松软。

〖 芋头饼 〗

挖来又软糯又优良的新鲜芋头，赶快冲洗后，不剥皮，直接做熟。待完全熟后，大家一起将芋头皮剥掉，淋上蜂蜜，在芋头上乱扎些洞，然后让蜂蜜自然流进去。并用栗子粉或松子粉将其包裹，像穿上衣服一样，然后直接吃就可以。

〖 烤鲫鱼 〗

选个大的鲫鱼，取出内脏，不去除鱼鳞洗净。

将洗好的鲫鱼用纸包好，然后用绳子缠绕，最后在外面裹上黏黄土，在文火中烤熟后，鱼鳞会自动脱落。把鲫鱼放在碗中，撒些许盐，味道极其鲜美。

〖 黄子鸡馄饨 〗

把黄母鸡两只和雉煮熟后，取下肉。把取下的肉与香菇、葱、蒜一起浸味后，放入油，炒熟做成馅儿。和面粉擀成如纸一样薄厚的馄饨皮后，放入馅儿，包成馄饨。吃的时候放入葱与蒜，做成蘸料吃更加美味。

〖 莲藕粥 〗

挖来莲藕后，去掉中间不能吃的藕节，洗净后削皮，然后切成片，晒干后用石磨磨成粉。将磨成粉的1两莲藕和2钱麦粉放入碗里，加入少许凉水搅拌一下，再放热水充分搅拌。将鲫鱼充分洗净后，用干净布把水分擦干，将其捣烂成鱼糜。先将酱汤煮开，再放入莲藕粥（把放入蔗糖，药烧酒晾凉后的凉粥）煮开，最后在莲藕粥里放入美味又好看的鲫鱼肉糜做成粥。

王室和两班之间通过饮食沟通感情

由下至上进献美食并不是什么特别的事，无论古今东西，向当权者进献珍贵之物都是再正常不过的事情了。但是《李英爱的晚餐》的顾问、湖西大学教授郑慧庆表示，朝鲜时期的饮食不仅会由下至上进献，而且会由上至下进行赏赐。在讲述上下阶级间的饮食交流之前，首先要了解朝鲜王朝时期的社会特征。

朝鲜王朝并不是王权很强势的国家。朝鲜常被称为"书生的国家""士大夫的国家"，由此可见，朝鲜时代的士大夫文化非常发达。因此，王室和士大夫之间的文化交流非常频繁，而其中交流最多的就是饮食。郑慧庆教授表示，正是因为这种社会特征，两班家的美食得以传到宫中，而宫中的珍肴也得以传到两班之家，使得朝鲜王朝时期多样的饮食文化，得到了跨越阶层的交流。

宫廷饮食通常被认为是韩国饮食的精髓，而最能体现宫廷饮食精髓的是宫中的宴会饮食。通常在王或王妃的生日、世子出生或册封、王室婚礼等王室的喜庆日子以及国家纪念日时，宫里会举行宴会。根据宴会规模的大小，可以分为进宴、进馔、进酌等。每次举行宴会的时候，包括宴会的规模、活动的顺序、参加宴会的人以及宴会上的饮食等所有的内容，都会被详细记录，通过这些记录，我们可以一窥华丽精致的宫廷饮食的方方面面。

1887年，神贞王后赵大妃（1808—1890）的80大寿在景福宫万庆殿举行，坐在万庆殿角落的乐工们演奏着音乐，帷帐里舞者们用优美的舞姿为寿宴助兴。赵大妃的面前摆放着现代人在庆祝60大寿时常见的多层宴，餐桌上共有47道菜，足足摆了一尺三寸（约40厘米）高。从由糖果、柚子、石榴、蜜柑等搭成的水果塔，到看起来美味可口的烤野鸡，多层宴的华丽令人赞叹不已。但是多层宴并不是给宴会上的王族或者客

人享用的，而是仅供宾客们参观。

寿宴专门为寿星大妃、王、王妃和王族们准备了食物，其他被招待的每位宾客也有各自单独的餐桌。那么多层宴中的47道菜难道都要被扔掉吗？当然不会。寿宴结束后，多层宴上的食物会被原封不动地打包起来装进专用的食盒中，送到宫外东西南北四大门内的宗亲或两班的家里，平均分给那些没能参加寿宴的人。不仅如此，参加寿宴的高官贵爵们也可以将自己吃剩下的食物带出宫，分给家里的下人们。这样一来，宫里每次举行宴会的时候，宫里的食物都会被带到两班们的家里，这些两班家中的下人们也能品尝到宫中的食物。

即使宫中没有宴会，宫里的食物也有很多机会出现在宫外的两班家中。鱼饺是海南尹氏家族在祭祀时绝对不会缺少的一种食物。不少节目都介绍过海南尹氏家族中代代相传的宗家饮食。作为宫廷饮食的鱼饺被

传到海南尹氏家族是450年前的事。朝鲜时期的时调（一种韩文诗歌形式）大师尹善道(1587—1671)在走上仕途后，得到了仁祖的信赖，成为凤林大君（1619—1659，后来成为孝宗）和麟坪大君（1622—1658）的老师，七年期间身居要职。通过将两位王子的教育全都交给尹善道这一点来看，尹善道受到了当时王室的极大信赖。在教授两位王子期间，王室赐给了尹善道很多东西，不仅有大米、绸缎、笔墨纸砚等日常用品，尹善道的儿子生病时，还赐过油面及六君子汤等药材。此外，包括各种食材在内的宫廷饮食也曾被恩赐过，其中最特别的是尹善道生日时王室赐给的食物。海南尹氏家族保存的恩赐贴中有写道："为了祝贺尹善道的生日，宫里赐了鱼饺、蒸饼、切肉、牛肉、蜜饯、五味子、李子、人参饼等食物。"或许因为是老师的生日，宫里才将宫廷饮食作为特别的礼物赐给尹善道。

　　君王赐给臣子的食物被称为"赐馔"，能得到君王的赐馔可谓是家门的荣耀。得到王的赐馔的臣子肯定会在全家儿女及亲戚朋友面前炫耀这些食物。厢房里，家里的老人和客人们围坐在一起，品尝王赐予的美酒；里屋里，太太、女儿和媳妇等女眷聚集在一起，品尝并讨论这些食物是什么味道，用哪些调味料做成，还会对旁边厨房里的佣人说："这道菜的味道挺特别的，你也尝尝吧。"并让佣人照葫芦画瓢做出来。通过这些过程，宫廷饮食逐渐演变为庆北英阳材龄李氏家族或全罗南道海南尹氏家族等宗家的饮食。

　　由此看来，我们的民族从很久以前就很喜欢跟邻居分享食物。儿时的场景至今记忆犹新，小时候每到祭祀的日子，全家人都会聚在一起做祭祀饮食。似乎是出于本能，很小的时候我就知道，被烤得黄澄澄的散发着香气的煎饼，要在刚要出锅时从烤盘里直接拿来吃才好吃。所以我经常在煎着煎饼的婶婶旁边张着小嘴，婶婶就会用她油油的手掰下一块煎饼放进我的嘴里。妈妈总会问："这菜还没上桌呢，谁就已经吃了呀？"祭祖的食物全部加起来也就两个盘子，而煎饼多得都能堆成山

了，我嘴里的那一小块算得了什么呀！不仅仅是煎饼，举行祭祀的十天内，还有很多其他的祭祀食品，但是祭祀一结束，那么多的煎饼、鱼还有糕点等，都会消失得干干净净——主要都是被前来帮忙的亲戚们回家的时候带走了。

现在在国外也有制作各种食物跟大家分享的Pot-luck派对，而对于韩国人来说，很早就有在特别的日子里，制作丰盛的食物与他人分享的文化传统，这种文化传统被传承至今。现在在婚宴或者孩子的周岁宴上，通常都会给客人们分发糕点之类的食物。因为大家相信，只有跟大家分享，刚结婚的新人们才能过得幸福，刚出生的孩子才能茁壮成长。或许正是因为有了这样的信仰，我们才渐渐形成了与人分享食物的文化传统。郑慧庆教授认为，饮食文化是通过交流才得以发展的。朝鲜王朝时期的饮食交流跨越了王室、两班和平民的界限，而今天出现在我们餐桌上的食物越来越丰富，也正是因为我们的民族拥有分享食物的文化传统。

通过交流与分享演变而来的韩国味道

　　广藏市场是首尔最具代表性的小吃市场之一，是韩国人和外国游客都非常喜欢去的地方。一走进广藏市场，两边鳞次栉比的小吃摊立刻刺激着你的感官，无论是在煎锅上滋滋烤着的绿豆饼，还是餐盘里满满堆放着的杂菜和猪蹄，抑或是紫菜包饭，无不勾起人们的食欲。虽然一提到广藏市场就会想起很多的食物，但是有一种食物是我每次来到这里必吃的，那就是绿豆饼。来到这里不吃绿豆饼的话，将会是一件非常遗憾的事。30多年的时间里，这家名为"顺子绿豆饼"的煎饼店，平时每天煎1000张饼，周末每天煎2000张，不仅煎得快，而且每张都一样地好吃，估计就连韩石峰的母亲见到店主，都会鞠躬，叫上一声"老师"。据说，一定要用石磨将绿豆碾成粗颗粒，放入生的绿豆芽，这样做出来的绿豆饼才会有沙沙的口感。此外，泡菜一定要用腌制一年以上的，这样香味才会更加浓郁。在过去的30年里，绿豆饼的外形和吃绿豆饼的人都发生了一些变化。以前的绿豆饼常常被当作人们喝米酒时的下酒菜来食用，因此比现在的要大且厚一些。而现在买绿豆饼的人更加多样，

除了为了准备祭祀或节日宴会的主妇们，还有喜欢到处寻找美食的年轻"吃货"，以及跨越大洋来到韩国的外国游客。看到熟练地煎着绿豆饼的店主，我也想上前试一试。忽然周围不知道从哪里一下子来了很多人，将我围了起来，"欣赏"着我笨拙的手艺。

围观的人群中有一位外国游客。我把一块煎好的煎饼放进他的嘴里，他立刻举起了大拇指说，"Wonderful！"我告诉他，这就是韩国的比萨——绿豆饼。不仅是绿豆饼店，旁边的辣炒年糕摊和卖紫菜包饭的小店前越排越长的队伍中，也有不少外国游客。看来外国人也喜欢韩国饮食的味道啊！站在摊子前，我看着这些令人垂涎三尺的街边小吃，突然心生感慨，要知道这些食物在几百年前都是只能在王宫和两班家才能吃到的珍肴。

综前所述，绿豆饼是由宫里和两班家常吃的贫者饼演变而来，宴会中不可或缺的杂菜更是光海君最喜欢吃的食物。此外，街边饮食的代名词——饺子、豆沙包和辣炒年糕等也不例外。在面粉非常珍贵的朝鲜时期，用面粉做皮的饺子在宫里也只能是在特别的日子里才能吃得到。据说辣炒年糕始于坡平尹氏宗家，后来进贡给君王，随之传遍王宫和两班之家。另外，豆沙包跟朝鲜时期被称为"霜花糕"的食物很相似。霜花糕是高丽时代从元朝传入的食物，制作方法是，用酒来和面，使其发酵后，将豆沙馅包在里面蒸制而成。据《大典条例》记载，礼宾寺每次都会准备霜花糕来招待来访的中国使臣；在《饮食的秘方》或《闺阁丛书》等两班家的烹饪书中，霜花糕也是作为相当高档的食物出现。虽然随着时代的变迁，这些饮食的料理方法以及制作食材等都有了一些变化，但不可否认的是，现在的街边小吃大多起源于过去的王室和两班之家。

第三章

通过韩国饮食
审视自己

　　虽然平时我也很喜欢做一些料理，但我
终究不是专家，对饮食文化也没有很深的造
诣，仅仅是演过《大长今》而已，事实上我
对饮食知识的了解并不比其他主妇多。因
此，当我接到学习饮食知识，尤其是朝鲜时
期饮食知识的提案时，比起紧张和激动，我
更多的是感到惶恐。不知不觉间学习这些饮
食知识已经有五个月的时间了，在过去的五
个月期间，在众多专家的帮助下，我了解到
了许多蕴含在韩国饮食中的知识和故事。比
如，朝鲜的君王通过餐桌上的食物可以了解
百姓的生活，并与民同苦同乐；在等级森严

我跟谁分享过食物？除了家人以外，我还为谁好好地做过一顿饭吗？

的封建社会，人们可以通过饮食的交流跨越身份的界限；通过这些交流，食物的味道也发生了一些变化……

随着对韩国饮食了解的深入，我也开始有了更多的想法。我开始审视自己，我跟谁分享过食物？除了家人以外，我还为谁好好地做过一顿饭吗？出道以后跟无数人一起吃过饭，但大多数都是为了谈工作，而非联络感情。虽然每次拍完一部戏后，我都会请这些同甘共苦的同事们一起吃饭，以表达我的感激之情，但非常羞愧的是，我从来没有为邻居或同事们亲手做过一顿饭。随着对韩国饮食发展之路的学习，以及对其中蕴含意义的了解，我有了为家人以外的其他人亲手做一顿饭的想法。

乔迁宴给了我这样的机会。搬到汶湖里的一年以来，我结识了不少邻居。但对于他们来说，我只是演员李英爱，从来没有人叫过我胜彬妈或者胜权妈。我希望对他们来说，我不是李英爱，而是住在隔壁的双胞胎的妈妈。这种想法使我决定办一次乔迁宴，请邻居们到家里吃顿饭。从定下日子到邀请邻居们的整个过程都非常顺利，但随着乔迁宴日子的临近，我却越来越紧张，因为没有给除了家人以外的其他人做饭的经验，所以不知道要比平时多做多少，调料放多少合适，还担心我做的东西会不会不合邻居们的口味。在担心和不安中，我把菜单改了又改，又去了好几次超市和市场，终于迎来了乔迁宴的日子。

从凌晨我就开始忙碌起来，先是将客厅里的六个卡通坐垫收起来，摆放上新买的长条餐桌，又到院子里把花都浇好水，放进花盆中，摆出优雅的造型。一切整理完毕后，我便正式开始做饭了。

近年来，厨师上门服务一时兴起，上门服务的厨师可以做出像从饮食杂志中蹦出来的各种食物。如果没有这几个月的学习，我肯定也会请厨师上门来帮忙，但因为我已经决定了要通过这些食物来跟邻居们联络感情，因此即使是一盘小菜，我也要自己亲手来做。因此我选择了我们

家常吃的东西作为乔迁宴的菜肴。

第一道菜是杂菜。这是根据我自己的喜好做出的选择，节日或宴会上如果没有杂菜，我总会觉得少了点什么。第二道菜是泡菜绿豆饼。早晨刚醒的时候，脑海里突然闪过一个想法："这样的日子，绿豆饼是最好的选择"，于是绿豆饼也进入了乔迁宴的菜单。第三道菜是烤肉，这是特地为小朋友们准备的。最后一道是韩国人吃饭时必不可少的汤——里面放有牡蛎的白菜汤。除此之外，还有几道小菜，虽然不算丰盛，但这些菜中倾注了我满满的诚意。在厨房战斗了整整一个上午，不知不觉就到了下午。

饭菜快做好的时候，邻居们也相继到达。住在巷口经常来教我英语的美流妈、小区咖啡店的老板、面包房的大叔，还有社区医生，他也是我们家胜彬和胜权的主治医生。我们家招待的第一批客人，也都跟我们一样，从首尔搬到汶湖里来定居。咖啡店老板带了他今天刚做好的糕

我到现在才明白一个简单的真理——对韩国人来说，饮食就意味着感情，
一起吃饭就是分享和联络感情的行为。

点，医生带来了他和儿子刚刚在后山摘的银杏果以及炒银杏果的专用
锅，没有华丽的包装，也没有高昂的价格，仅仅是一个炒锅和几粒银
杏，已经装满了邻居们的真心和情意，令人感受到浓浓的人情味。

虽然大家经常见面，但真的在家里坐在一起感觉又有些不同，刚开
始的气氛有些尴尬，大家都不知道要聊什么话题。不一会儿，这种尴尬
的气氛就被打破。从担心即将到来的冬天下雪到暖气费，再到农村生活
的好处，大家像老朋友一样聊得不亦乐乎。我似乎也感觉到了在他们的
眼中，我不再是演员李英爱，而只是邻居家胜彬和胜权的妈妈。或许是
看出了我的心思，医生对摄制组的工作人员说："事实上，李英爱说
她想招待我们到她家来的时候，我还半信半疑。平时她如果主动跟我说
话的话，我会想，嗯？她不是演员李英爱吗？为什么会这样？怎么会这
么亲切？这肯定是错觉！但真的到了这儿，跟她一起吃饭，觉得突然间
就拉近了彼此的距离。果然对韩国人来说，饭局是非常重要的，戒备心

也会随之消失。"仅仅是在一起吃一顿饭而已，就拉近了彼此之间的距离，我又再次切切实实地感受到了一顿饭的威力。过去的半年里，我在学习宫廷饮食的时候，试着做了神仙炉和牛骨汤，制作方法繁杂的两班饮食也尝试着做了不少，但无论是多么奢华的山珍海味，一个人吃能有什么意思呢？只有这样跟大家一起分享，才能体现出饮食真正的价值。

如此看来，对韩国人来说，饮食不仅是为了填饱肚子或者满足食欲，而是蕴含着更深层次的意义。我们在跟人打招呼的时候，常常会问："吃饭了吗？"不仅如此，当身边的朋友需要安慰的时候，或者需要化解误会的时候，又或者有好事需要庆祝的时候，通常也都会说：

"什么时候一起吃个饭吧？"对韩国人来说，饭以及一起吃饭的行为，包含着多种意义，但它们的本质都是一样的，即无论是高兴还是难过，无论是生气或者郁闷，都试着将这种心情与人分享。忽然想起曾经读过的一本书中牧师说的一句话："与人分享食物，象征着人们的感情以及和平。"对韩国人来说，饮食就意味着感情，一起吃饭就是分享和联络感情的行为。跟500年前相比，如今我们餐桌上的食物，无论是食材还是调料，抑或是烹饪方法，都有了很大的变化。但通过饮食来进行沟通和交流感情这一点，一直都没有改变。

我们每天都会接触到或者吃到很多食物，而且众多像我这样的主妇，还会为了家人准备很多食物。虽然每天都在做饭，但是我一直都没有好好思考过什么是"韩国饮食"。这次在拍摄这部片子的时候，我问了自己很多次，对于韩国人来说究竟什么是饮食？

西方有一句关于饮食的俗语——通过一个人吃的食物，可以看出这个人是什么样的人。海边长大的人对海鲜会非常熟悉，而山里长大的人对山野菜则比较熟悉。通过仔细观察一个人喜欢吃的食物，可以大致了解一个人的出身、生长环境及个人爱好，因此通过饮食甚至可以了解一个人的本性及特点。从狭义上来看，这句俗语是针对个人的，但从广义上来看，它可以适用于一个民族，甚至是一个国家。通过一个民族的饮食文化，可以了解到这个民族的很多方面。

在准备纪录片的过程中，一位专家向我举了一个关于日本饮食文化的例子。首先，日本最具代表性的食物是刺身和寿司。日本是由四个大的岛屿组成的岛国，因此海鲜是日本饮食中最主要的食材，再加上日本列岛的北部地区是世界三大渔场之一，因此海产物非常丰富。通过刺身和寿司文化，可以推测出日本的自然环境。第二，日本人常吃的主食是米，米需要在温暖多雨的气候下才能长得比较好，日本的夏天有很多梅雨和台风，湿度比较高，对大米来说算是比较好的生长环境。通过主食是大米这一点，可以推测出日本的气候情况。第三，日本的肉食文化并不发达。日本的山岳地带约占国土面积的80%左右，可以饲养家畜的土地非常不足，因此畜牧业自然也不会发达。肉食文化不发达的另一个原因是，日本的天武天皇（631？—686）将佛教视为国教，因此足足有一千年的时间是禁食肉食的。通过日本肉食文化不发达这一点，不仅可以了解到日本的地理环境，还可以了解到它的政治及宗教情况。

仅仅通过餐桌，就可以知道一个国家的文化取向。朱英河教授所著的《韩中日餐桌文化》一书中，对韩国、中国、日本的餐桌文化进行了分析。根据书中介绍，中国人吃饭常被称为"共餐"或"合餐"，是指大家围坐在圆桌前一起用餐。因为非常重视对称和均衡，因此中国人餐桌上的菜品个数常常都是偶数。而日本的餐桌遵循一汁一馔的原则，一汁是指一碗汤，一馔是指一份主食，而且在摆桌的时候，会在一个大桌子上将每个人的食物分开摆放。这也反映了日本一种特有的文化，即虽然平时有很强的个人主义倾向，但在危机状况下会凝为一体。通过这种饮食文化，可以了解一个民族有史以来的自然环境、文化、风俗以及政治和宗教倾向。不仅如此，通过饮食还可以了解到，一个民族是如何走到现在的历史。因此饮食不仅仅是单纯的食物，更是代表一个民族特性的"有生命的文化"。

"饮食是告诉大家'我是谁'的文化"。带着这样的想法制作食物的话，餐桌上的每一碗饭、每一碗汤都会变得不同寻常。要知道这些饭和汤，跟我们的民族一起走过了同样的岁月，才来到如今我们的餐桌上。这些食物在长久的岁月中也发生了一些变化，原本两班餐桌上的霜花糕变成了如今小吃店里的豆沙包，光海君最喜欢吃的杂菜变成了如今的粉条杂菜，小巧的贫者饼变成了如今厚实的绿豆饼。一种食物经历的时间越久，其中蕴含的故事就越多。现在我已经准备开始第二次饮食旅行了，如果说第一次的旅行是为了寻找蕴含在朝鲜王朝时期饮食中的价值和哲学的话，第二次将是一次更长时间的旅行。

拌饭与烤肉之间

去年在电视上看到了为了宣传电影而来到韩国的布拉德·皮特的一个专访。在专访中他说，自己上次来韩国时，觉得排骨很好吃，于是这次专门带了儿子一起过来，就是为了让他尝尝韩国排骨的味道。布拉德·皮特对排骨的爱，在当时成了韩国网络实时搜索词的第一名。被韩

国美食迷倒的外国名人不只布拉德·皮特一人。记得有报道称，美国总统奥巴马很喜欢吃泡菜和烤肉，而著名影星休·杰克曼也很喜欢和家人一起吃烤肉，他对韩国饮食可谓是偏爱有加。

外国人似乎格外地喜欢吃烤肉和排骨。根据一份调查结果显示，外国人最喜欢吃的韩国饮食排在前几位的包括拌饭、泡菜、排骨和烤肉等。我在海外的时候，也经常听到当地人说很喜欢吃韩国的肉类食物。

按照韩国的传统，餐桌上素菜和荤菜的比例一般是七比三，由此可以看出，韩国人更喜欢吃素菜。在世界上任何一个国家，都没有像我们一样喜欢吃各种各样蔬菜的国家。记得有一次去南部地区拍戏，在当地的餐厅吃过一种名为大麦汤的食物。对于家乡在首尔的我来说，这道汤非常陌生，但在全罗道，这可是在很久以前就有的食物。据说它是用刚长出来的麦苗熬制而成。有些是只放麦苗的，但据说在鳆鱼的故乡罗州，鳆鱼的内脏也是这道菜的食材之一。只有韩国人才使用的蔬菜不只

是麦芽，还有用萝卜缨子熬制的萝卜缨汤，以及山中的"杂草"荠菜和艾草等，也是韩国人非常熟悉的食物。这些蔬菜在西方都是被丢弃的东西，而在韩国则是非常受欢迎的食物。对于在山区居住的人来说，平常能经常吃到更加多样的蔬菜。不久前，我去了一趟五台山月精寺，在那里我被野菜种类的多样给彻底惊呆了。从曲菜、刺老芽、东风菜、北风菜、枫叶菜，到石滩菜、蝙蝠菜等，大部分的野菜都是第一次听说。在西方，这些野菜和香草仅仅用来制药，而不会当作食物来吃。

在电视剧《大长今》中，云白曾经问长今："长今啊，你知道草鞋草为什么叫这个名字吗？""不是因为像草鞋一样很常见吗？""是因为它吃起来像草鞋一样难以下咽，所以才叫草鞋草。""这种常见的草即使味道不好，但对百姓来说，既可以填饱肚子，又有很好的止血功效，这是多么值得感恩的事情啊。"

《大长今》中所说的草鞋草，不仅是在韩国，在世界各地都是非常

常见的草，它又被称为龙牙草、仙鹤草，有很好的止血和止泻效果。最近日本和欧洲都用草鞋草中的成分研制出了抗癌药剂，并在临床试验中取得了成功。具有如此药用效果的植物，在韩国则被当作平常的凉菜来食用。将各种蔬菜拌在一起的拌饭，可谓是源自蔬菜文化的韩国饮食文化精髓。外国人之所以喜欢拌饭，不仅是因为各种蔬菜混拌在一起所产生的美味，能同时摄取多种植物的营养对健康有利也是原因之一。

那么外国人喜欢烤肉及排骨的原因是什么呢？在西方国家，牛排是具有代表性的肉类食物。根据季节、调料、煎烤程度的不同，牛排的种类也不同。我非常好奇，对肉的味道非常敏感的西方人，为什么会这么喜欢烤肉和排骨呢？于是我问了身边的外国朋友，烤肉的魅力是什么？他们认为，调料的味道非常适合鲜嫩的烤肉。韩国肉类饮食最大的特

征就是调料，使用调料的方式也和西方的牛排有所不同。西方的牛排是
在煎烤之后撒上调料，或者在煎烤之前撒上盐或胡椒；而韩国烤肉或排
骨，则是先在调料中腌制一段时间后再用火来烤着吃。表面看起来差异
不大，但这种细小的差异却决定了味道的不同。

　　先腌再烤的方式是韩国肉类饮食最大的特征。不少外国人专门为了
吃韩国的肉食而来到韩国旅游，不仅因为这是外国人比较熟悉的食物，
调料的本身也很令人好奇。是谁腌制出了这种美味的调料？韩国人又是
从什么时候开始食用这种调料的？抱着这种好奇心，我开始了寻找韩国
肉类饮食根源的旅行。

无论是孩子们，还是外国人，都很喜欢吃烤肉。那么，是谁创造出了如此美味的烤肉调料呢？

第二章
最古老的料理方法——烧烤

据说人类的烹饪始于一万年前。以钱为例，百万、千万这种程度还能比较清楚地认知，但是亿或兆以上的话，人们只会觉得很多，但具体有多少却很难说清。时间也是这样，大家都知道一万年是很长的时间，但究竟有多长却非常模糊。似乎是看到了我的疑惑，顾问教授解释说，一万年前是新石器时代。在新石器时代，人类已经开始从事农业生产，人们发明了耐火的陶器，从而正式开始了烹饪。那么在新石器以前的旧石器时代，人们吃什么呢？教授说，那时候的人们到处迁徙，过着狩猎和采集的生活。虽然这些都是在高中时期

学过的内容，但在将近30年后再次听到，依然感到很新奇。早期的人类生吃打猎获得的野兽或捕捞的鱼类，后来他们掌握了把肉晾干并长期存放的方法。再到后来，人类学会了生火，于是开始了用火来烤肉吃的历史。用火来烤肉吃的方法可以说是人类最早的烹饪方法。刚开始是将肉穿在木棍上放在篝火上直接烤，后来发展到将肉放在石盘上烤。

曾经有一段时间，在石盘上烤五花肉非常流行，可见史前时代的原始人通过经验知道了在石盘上烤的肉更好吃。石盘之后出现的器具是烧烤架，人们发明了铁器后，烧烤器具又从烧烤架发展到煎锅。无论东西方，烤肉的历史都超过了一万年，但是蘸着调料吃烤肉的历史却晚了很久。

寻找韩国肉食调料的起源

寻找韩国饮食根源的过程并不容易。就连仅仅500年前朝鲜王朝君王们平时用膳的记录都很难查找到，在高丽以前的三国时期，甚至连文献都没有，大部分的饮食都是通过壁画或遗址流传下来。历史学家们都是通过在壁画或遗址中发现的细节，来寻找当年的饮食痕迹。

在东亚的三个国家中，对饮食的研究最丰富的是中国。长久以来，韩国与中国的交流一直非常紧密。因此，在我们国家没有的记录，会不会在中国有留存？抱着这样的期待和希望，我们来到了中国。

早期的人类生吃打猎获得的野兽或捕捞的鱼类，后来他们掌握了把肉晾干并长期存放的方法。

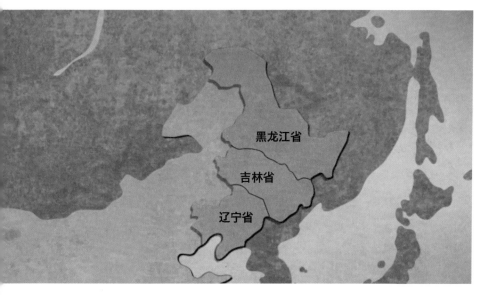

黑龙江省

吉林省

辽宁省

　　"对于中国人来说，地上四条腿的除了桌子，水里游的除了潜水艇，天上飞的除了飞机以外，其他的都能吃。"这句话虽然有些夸张，但却可以看出，中国是世界上饮食文化最丰富的国家，辽阔的国土和天赐的自然环境，以及50多个少数民族各自的饮食文化，使得中国无愧于"饮食天堂"这一美誉。在北京，可以接触到中国丰富多样的饮食文化。从元朝开始至今，北京作为中国的首都已经有700多年的历史了。作为中国政治文化的中心，各个少数民族都来往于这里。通过大运河，全国各地的食材也都汇聚于此，随后，多样的饮食文化便在这片肥沃的土地上生长起来。到了清朝时期，50多个少数民族被统合起来，宫中的御厨们将全国各地的美食争相进献给皇帝，因此更加多样的美食被开发出来。到了今天，在北京不仅能品尝到传统美食，还能品尝到各个地区丰富多彩的少数民族饮食。

　　事实上，中原的贵族们接触少数民族饮食文化的历史比这要早得多。据说在1700年前，就已经有一些少数民族的食物迷倒了中原贵族们的舌尖。公元4世纪，也就是中国晋朝时期，一本名为《搜神记》的书中

有如下一段话：“羌煮、貊炙，翟之食也。自泰始以来，中国尚之。贵人富室，必畜其器，吉享嘉宾，皆以为先。”就是根据《搜神记》中的这句话，纪录片的制作团队来到了中国。因为一些人文学者认为，《搜神记》中的“貊炙”和韩国的肉类饮食有一定的关联。

中国浙江工商大学的赵荣光教授是东亚地区最著名的饮食文化学者之一，我们向他请教了关于《搜神记》中出现的“羌煮”、“貊炙”的相关问题。赵教授说，“羌煮”是古代西北游牧民族的一种烹饪方法，即将肉类放入锅中煮熟后食用；而“貊炙”是古代东北少数民族的一种烹饪方法，即将肉烤熟后食用。肉食文化可以说是游牧文化的遗产，可为什么在西北流行煮肉吃的方法，而在东北流行烤肉吃的方法呢？赵教授表示，由于家畜种类的不同而造成这种饮食文化差异的可能性比较大。西北的牧民饲养的家畜主要是牛和羊，最直接的烹饪方法就是煮；而东北的牧民主要养猪，因为猪的脂肪比较多，因此烤比煮味道会更好。事实上，比《搜神记》更早的两千年前，已经有文献对“貊炙”进行了记载，可见“貊炙”在很早之前就已经出现在东北地区了。可是

疑问又来了，烤肉吃的方式不是人类最古老的烹饪方法吗？中原的贵族们不可能不知道这种烹饪方法，那么"貊炙"的流行肯定因为它有特别的地方。刚要提问，赵教授似乎看出了我的想法，他说："'貊炙'是一种非常古老的烤肉方法，它出现在汉族文献中的时候，已经跟以前那种仅仅是在火上烤肉吃的原始方法有了很大的不同。据我的研究，'貊炙'中的肉已经经过了细致的加工，其中有农耕民族发明的调味料，也就是说'貊炙'中的肉是调好了味道的。"由此可见，"貊炙"是用调料腌好再烤制食用的肉食。那么"貊炙"究竟是不是韩国人最早的烧烤呢？两千年前"貊炙"中所使用的调料又是什么呢？

现在中国的辽宁省、吉林省和黑龙江省被称为东北三省。虽然我对历史的了解不多，但是通过一些历史剧，我模模糊糊地知道东北三省曾是朝鲜族的聚居地，至今仍有超过160万的朝鲜族居住于此。在东北三省应该能找到"貊炙"的痕迹吧？不，是一定要找到！带着这样的意志，我们开始向吉林省出发。

寻找古老饮食"貊炙"的痕迹

制作团队的一行人来到吉林省延边朝鲜族自治州延吉市的一个小村庄。跟韩国的11月不同，吉林的11月已经完全是冬天的景象，山谷和村庄全都披上了一层厚厚的银装。踏着没过脚脖子的雪地，我们来到了玄金顺阿姨的家。"这么冷的天远道而来，你们辛苦了！"玄金顺阿姨和金正一大叔的延边方言听起来是那么地亲切。夫妇俩祖祖辈辈都生活在这里，是土生土长的延吉人。听说我们是为了寻找只有当地才有的肉食而来，阿姨立刻带着我们到了后院。石瓦屋顶下放着一口酱缸，阿姨小心地打开酱缸的盖子，里面是大酱。我们想看肉食，可是阿姨竟然给我们看大酱。正纳闷着，阿姨搅了一下大酱，突然一个红不红绿不绿的东西出现在摄像机镜头里。阿姨用勺子又翻了几次大酱，那个东西的形体已经完全显露了出来，绿的是苏子叶，红的是五花肉，也就是说大酱中泡着的是用苏子叶包着的五花肉。阿姨告诉我们，把肉放进大酱里腌制，不仅大酱的味道会更香，肉的味道也会更好。

这令我想起了曾在韩国风行一时的大酱五花肉。不过大酱五花肉仅仅是将大酱调料涂抹于肉的表面，而延吉的大酱五花肉则是要将肉放在大酱中腌制三个月，这样大酱的香味和咸味才能完全渗透进五花肉中。将腌好的五花肉切成1厘米长的小块，跟干萝卜一起煮汤，这便是延吉的酱汤。用大酱腌制的五花肉不仅可以用来做汤，大叔说要让我们尝尝正宗的延吉烤肉，于是从炉灶里取出炭来生火，阿姨则将腌好的五花肉放进清水中涮了一下，然后将肉放到火炉上的烤肉网上直接烤着吃，这便是延吉特有的烤肉方法。

大叔一边不停地问"好吃吗"，一边向我们讲述："像这样在酱缸里腌的肉，可以烤着吃，有时候酒喝多了，第二天早上也可以用它来煮解酒汤喝。"当我们问"从什么时候开始这样吃肉的"时，大叔摇着头

说："从奶奶的奶奶的奶奶时开始？"大叔说，他从很小就开始吃这种肉了，但并不知道它的起源在何时。"以前没有冰箱的时候，会将整只猪放到酱缸里腌制，这样可以存放很久。"也就是说，在没有冰箱的年代，为了更长时间地保存肉，才将肉放进酱缸里的。火炉上的烤肉看起来实在是太好吃了，于是我也不管是不是在拍摄，把阿姨递给我的烤肉一口就吃掉了。但是……味道跟我想象的完全不一样，这根本不像是烤肉的味道，而像是酱肉。用一句话来说就是非常咸，一块肉得就着两三勺米饭才能咽下去。这种程度的盐分，估计肉放上一年也不会坏。尝过了才知道，把肉放进酱缸里，的确是为了保存的。

赵荣光教授解释说："从很久以前，东北地区的人们就把肉块放进大酱中腌制，这也是储藏方法的一种。"肉在以前是非常珍贵的食材，一整只猪一次也吃不完，那么剩下的部分怎么保存呢？第一个方法是冻

起来，因为东北地区非常冷，所以在下雪的时候，可以把肉打湿再冻起来。但是这种天然冰箱并不会一直存在，因为不会天天下雪，一年四季也不会天天都那么冷，这时要怎么办呢？有几种方法，比如用盐腌制。但是用盐腌的话，味道和颜色都会变化，于是人们想出了用大酱腌的方法。用大酱腌比用盐腌的好处有很多，首先肉的水分不会消失，颜色看起来也很好。大酱的香味被肉吸收后，无论是炒还是蒸或是烤，味道都会更好。虽然刚开始是保存方法，但后来逐渐成了东北地区肉食的一种特色。

听起来很有道理，但为什么只有东北地区的牧民发现用大酱腌比用盐腌要好呢？

赵荣光教授表示，"貊炙"的诞生与农耕文化有关，

与西北地区的游牧民族相比，东北地区的牧民更早地接受了农耕文化，"貊炙"是作为游牧文化遗产的肉食文化和作为农耕文化产物的酱文化相遇并产生的一种饮食。

两千年前，中原的肉类饮食是把肉烤熟后再放上调料，而中国东北少数民族的肉食"貊炙"，则是将肉先用大酱腌好后再烤。郑慧庆教授说，中原汉人喜欢"貊炙"这种异族的食物，跟经常吃牛排的西方人喜欢吃韩国的烤肉和排骨一样，二者基本上没有什么差别。

寻找韩国人最悠久的肉类文化——腌肉烧烤

现在我们吃的烤肉有很多调料，最基本的包括葱、蒜、酱油、香油和白糖等，根据个人口味的不同，有时也会加一些果汁或洋葱汁。最早

期的调料是酱，我们在延吉看到的是在大酱里腌制的肉，但两千年前也是用大酱吗？正确的答案恐怕不得而知。有人认为是酱油，也有人认为是跟现在的形态有些不同的酱，但不管怎么说，韩国人用酱来储存肉的智慧是不容置疑的。

　　酱是农耕文化的副产物。朝鲜半岛的农耕文明起源于五千年前，但酱究竟是什么时候出现的，目前不得而知。不过考虑到酱的原料大豆很久以前在中国东北南部地区就有种植，而且朝鲜半岛也有很多野生大豆，因此我们的祖先应该很早就开始研制酱了。纪录片的顾问郑慧庆教授表示："《三国志》及《魏志》等中国古代文献中，有提到高句丽人'擅酱酿'，也就是说擅于制作发酵食品，也有将大酱味称作'高丽臭'的记录。综合来看，在三国时代酱文化就已经诞生，并且在多种饮食中都有使用。"

之后一次偶然的机会，我在电视上看到了一部纪录片，讲述的是跟高句丽时期的古墓相关的故事。位于黄海南道安岳郡龙君面的高句丽安岳三号坟，建于357年高句丽文王时期。这座古墓中有很多壁画，从古墓主人的肖像，到厨房里做饭的女人；从正在摔跤的汉子，到载歌载舞的人们，这些壁画基本上涵盖了高句丽时期的所有生活风俗。

在这些壁画中最吸引我视线的是厨房的场景。厨房的一边是站在炉灶旁生火的女人和正在做饭的女人，另一边画的是用扦子串起来的野猪肉等肉串。在另一张壁画上，井边立着几口酱缸。或许是知道的越多，看到的就越多。如果是在以前，这些内容我都是一扫而过，但这些日子学习了很多韩国饮食文化的知识，看到这些壁画，脑海中立刻浮现出了高句丽人享受美食的场景。

以前的高句丽，也就是现在的朝鲜和中国东北南部一带，跟我们生活的南方不同，土地比较贫瘠，耕地不足，除了农耕以外，人们还需要狩猎和放牧。或许正是因为这样的自然环境，使得高句丽的肉食文化从很早就得到了发展，"貊炙"也随之诞生。

对"貊炙"诞生过程的探寻，就像是福尔摩斯通过一系列的线索侦破案件一样。从一种食物的诞生，到这种食物成为一个民族饮食文化的代表，其中包含着很多因素。饮食是一种有生命的文化，代表着一个民族的个性，这一点深深地触动着我。

第三章 韩国肉食文化的转折点

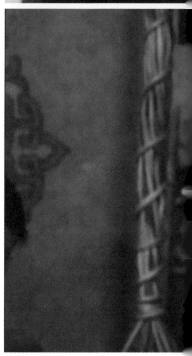

牛身上没有韩国人不吃的部位！

　　天越来越冷，不知不觉就到了冬天，每当寒风刮起的时候，我就想起一种食物——在杂谷和筛谷中放入香辛料煮上一宿的牛骨汤。在这个季节能喝上一碗牛骨汤，就跟喝了一袋补药似的，无论是身体还是心灵都变得更加强健，于是我跟爸妈一起来到了马场洞畜产品市场。据说首尔市民食用肉食的65%都来自马场洞市场，虽然听说过，但是来这里还是第一次。在这里鳞次栉比的肉铺里，卖的除了有肉和骨头以外，还有各种家畜的内脏，可以说在

　　韩国被称作"肉"的肉，全都聚集在这里。走着走着，我们来到了一家肉铺前，肉铺的老板很亲切，我让他帮忙挑一些适合老人和孩子们吃的肉，老板却开始向我们一一介绍牛身上的各个部位："这是牛肋眼肉，纹理非常好，这样好的纹理可不常见。旁边的这个是隔膜肉，这个煮得太熟的话会比较硬，稍微烫一下就可以吃了。牛胸肉听说过吗？入口即化。这个部位被称为裙子肉（牛腹肉），怎么样？像不像新媳妇儿微微展开的裙子？"老板一直进行着他的"牛肉知识讲义"，牛前脚肉、牛尾肉、牛脾肉、牛臀肉……这些部位都是我平生第一次听说，看来被称为"肉食百货商场"的马场洞果真名不虚传。

　　一听说比市里卖得便宜，我就忍不住打开了钱包，本来只想买一些牛尾肉的，结果把牛骨和各个部位的牛肉通通都买了下来。老板包装肉的时候，我对他说，以前从不知道牛身上有这么多的部位，于是老板又开始了他的"牛肉知识讲义"——一头牛首先可以分为十大部分，分别是里脊、外脊、上腰、上脑、前腿肉、牛臀、牛霖、牛腩、牛腱和排

骨。然后可以再分为39个小部分，包括里脊肉、肋眼肉、板腱肉等。这39个小部分还可以再分为不同的特殊部位，所有的部位加起来一共超过120个。不同部位的味道会有一些微妙的差异，因此不同部位的料理方法也有所不同。一头牛竟然可以分为120个部位，不知道我吃过的有几个。

人类学家玛格丽特·米德（1901—1978）说过，英国人和法国人把将牛分为35个部位食用，东非的博迪部落将牛分为51个部位，而韩国人则将牛分为120个部位，对韩国人精细的口味和剔骨技术表达了赞叹。将牛身上的骨头和肉剔下来分成不同部位的作业被称为剔骨，剔骨需要精细的刀功和正确度，可以分毫不差地将不同的部位分离开来。如果说韩国人可以将一头牛分为120个部分，那么韩国人的剔骨技术可谓是世界第一了。但是郑慧庆教授说，在朝鲜王朝以前，韩国人的剔骨技术并不高："宋朝徐兢（1091—1153）所著的《高丽图经》一书中，有暗示高丽人不擅剔骨的内容，也有直接讲述高丽屠宰技术落后的内容，比如抓住牲畜直接将其打死。"

　　《三国志》的《魏志·东夷传》中记载道："扶余擅养生（畜牧业）。"《三国遗事》的《太宗春秋公条》中记载称："王一天的膳食包括米饭三碗、酒六盏、野鸡九只。"通过高句丽时期的古墓壁画和新罗遗址中关于肉食料理的痕迹，也可以看出韩国人非常喜欢肉食。如果肉食文化不发达的话，怎么会有"貊炙"的诞生？又如何能令中国人着迷？但是高丽人不擅宰杀，说明经历了千年的岁月，朝鲜半岛的饮食文化发生了一些变化。郑慧庆教授的解释解开了我的疑惑。在高丽时期，佛教被奉为国教，佛教禁止杀生，因此狩猎和宰杀随之也被禁止。餐桌上少了肉食的话，它的空位自然要被其他食物填上，在高丽时期填上这个空位的是蔬菜。高丽人制作素食的方法多种多样，可以生着吃、包饭吃、煮着吃或者做汤吃。因此，在高丽时期素食文化非常发达，但肉食文化却衰退了下来。

　　郑慧庆教授接着说："到了朝鲜王朝时期，宰杀技术开始发展起来，原因之一是我们的肉食料理方法受到了元朝很大的影响。"高丽末期，肉食文化开始复兴，契机是蒙古的入侵。从1231年到1259年的将近30年间，蒙古入侵高丽，直到1351年恭愍王（1330—1374）即位并实行

反元政策，在这100余年的时间里，高丽受到蒙古很大的影响。前面说过，肉食是游牧文化的遗产，骑着马占领世界的蒙古族曾是游牧民族，因此他们的饮食习惯自然以肉食为主。蒙古人进入高丽后，开始唤醒了我们祖先陷入沉睡的肉食DNA。

在蒙古寻找千年前的饮食

一千年前，蒙古族饮食对朝鲜半岛的饮食文化产生了巨大的影响，20世纪80年代以前，蒙古人口的80%都是牧民，直到现在，蒙古三分之一的人口仍然过着游牧生活。既然现在的生活方式跟一千年前相差不大，那么饮食会不会也维持着以前的样子呢？看来只有去到蒙古的大草

原，才能找到一千年前对韩国饮食产生巨大影响的游牧民族的饮食。在决定去蒙古前，心里有几件事放心不下，一是几天不在家，没法照顾孩子，更重要的是女儿胜彬只有在我的怀里才能睡着，因此犹豫了很久。但由于我是一旦有疑问一定会追根究底的性格，于是在考虑了几天之后，便做出了去蒙古的决定。

在我决定了去蒙古后，老公却担心了起来。因为老公比谁都清楚，在拍摄《大长今》将近一年的时间里，由于吃不好也睡不好，我得了慢性肠胃炎，直到现在仍然时常发作。他担心我的肠胃不能适应蒙古的食

物，肠胃炎会进一步加重。我对老公说，自己会注意饮食，不会勉强。让他放心后，我才登上了飞往蒙古的飞机。

虽然是第一次去蒙古，但因为《大长今》，我对蒙古的感觉并不陌生。几年前曾有报道称，《大长今》在蒙古的收视率达到了60%。从首尔到蒙古首都乌兰巴托的飞行时间是3个小时，晚上11点多到达乌兰巴托机场。去机场接我们的人中有一名女子，因为她的韩语非常流畅，外表看起来也不像外国人，所以刚开始还以为她是担任翻译的韩国侨民。跟

她聊了15分钟后，才知道她是蒙古人，而且是乌兰巴托电视台台长。在她的帮助下，我们顺利地完成了四天的拍摄，在这里我想向她表示真诚的谢意。

8月底的韩国气温依然很高，但蒙古的8月已经是秋天了，尤其是早晚没有太阳的时候，就像韩国的深秋一样，风刮在身上不禁令人打起寒颤。到达蒙古的第二天，窗外的天看起来跟马上就要下雨似的，布满乌云。在这样一个阴沉沉的早晨，我穿着厚厚的衣服离开酒店。经过大概1个小时的车程后，车窗外灰色的水泥建筑渐渐消失，取而代之的是一望无际的大草原。到达草原后，刚打开车门，沁人心脾的香草香味便扑面而来，原来草原上绿色的主人公并不是杂草，而是香草。闻着香草的香气，顿时神清气爽，整个人仿佛跟草原融为一体。在这里完全没有都市的痕迹，只有广阔的草原。远方可以看到牧民们的蒙古包，不远处，马群和羊群悠闲地踱着步子，草原上还有以前只在动物园里见过的牦牛。

在昼夜温差较大的高原地带，蒙古人需要摄入高热量的肉食才能抵御寒冷。

这里的美景令人瞬间陶醉其中。

　　在连连感慨中，不知不觉我们就到了一位牧民家的蒙古包前。来的路上跟乌兰巴托电视台台长学了一句蒙古语的问候语，于是现学现用，用蒙古语跟主人打了招呼。主人用一种像牛奶一样的白色饮料热情地招待我们，据说那是蒙古族的传统奶茶。将茶叶稍微洗一下，放进水里煮，再倒入羊奶或马奶，这便是蒙古族的奶茶。蒙古人每天早晚不喝水，而是喝奶茶，吃饭的时候也喜欢喝奶茶。此外，用奶茶招待客人也是牧民的传统。主人家世世代代都是过着游牧生活的牧民，但不管大人小孩都看过《大长今》，一下子就认出我来。本来觉得很奇怪，但一进到蒙古包里面就知道原因了。这座蒙

古包虽然比我们家的客厅要小一些，但里面冰箱、电视等家用电器一应俱全。据说现在的牧民都用发电机发电，通过卫星收看电视节目。不知道是不是对在电视中的外国女人突然间坐到自己面前感到很神奇，孩子们显得很兴奋，一直要求握手和拥抱。

后来听说，有贵客到来的时候，蒙古人都会准备很丰盛的食物来招待客人，他们用饮食待客的热情丝毫不亚于韩国人。因为我们去的时候不是饭点，所以摆在我面前的食物大部分都是零食，有用凝固后的家畜奶做的点心，也有像酸奶一样的蒙古式黄油。我用手蘸了一下黄油尝了一口，味道比在韩国吃的黄油要甜一些。来蒙古之前，我曾查阅了一些关于蒙古饮食的资料，了解到最早制作黄油的人是中亚的牧民。虽然现在黄油是西方饮食中不可或缺的食材，但实际上黄油从16世纪才开始在欧洲成为大众食品，而在古代文明的初期，游牧民族早已制作并食用黄油。据说古代牧民将从牛奶或羊奶中提取的脂肪放入皮带子中，挂在柱子上，再将其搅拌均匀，制成黄油。我刚刚吃到的黄油，其制作方法跟古代的制作方法非常相似。既然制作方法相似，那么看来寻找一千年前饮食的痕迹也不会太难，于是我便有了更多的期待。

草原的秋天，牧民们都很繁忙，因为他们要为即将到来的冬天以及来年夏天准备食物。蒙古包的主人告诉我们，他们全家计划从9月初开始就往南方转移。

蒙古国立大学食品营养学教授安格达告诉我们，蒙古的食物分为白食和红食。用家畜的奶制作的乳制品，比如酸奶以及我在蒙古包里吃到的黄油等，都属于白食；而家畜的肉属于红食。白食象征着纯洁和真心，红食则象征着丰盛。此外白食一年四季都能吃到，而红食主要是在从秋天到来年夏天之前食用，因为在夏天肉类食物比较容易腐烂。

蒙古人吃蔬菜的历史并不长，他们代代流传下来的传统食物大部分都是肉食。中亚的高原地带昼夜温差比较大，因此需要摄入高热量的肉

食才能抵御寒冷。随着近代化进程的开始，蒙古的城市饮食在外来的影响下发生了一些变化，但是生活在草原上的牧民，其饮食跟以前并没有太大的不同，这是由他们所处的自然环境所决定的。蒙古饮食中的肉类食物有上百种，其中一定有一千年前传到朝鲜半岛的食物。

第一道食物，蒙古式牛肉干

　　女主人带着我走出蒙古包，给我展示他们为明年夏天之前准备的食物。在蒙古包的前院——虽然广阔的草原都可以算作是这座蒙古包的前院，但这里的前院是指蒙古包门前的一片空地——上面有一座用木头搭成的架子，上面铺着几块石板，石板下面晾着许多肉块。

　　这就是蒙古的风干牛肉干，它是将牛大腿部位的瘦肉在寒风中晾干而成。风干牛肉干一般从秋天开始制作，需要经过四个月的时间。肉在天冷的时候可以直接吃，但在气温比较高的夏天，肉不易保存，因此需要提前将肉风干并储存起来。

　　看到风干牛肉干，突然想起了韩国的肉脯。不过制作肉脯时，需要加入酱油、白糖、胡椒、糖稀等调料，还会加入大枣和松子，但蒙古的风干牛肉干则是什么调料都不放，直接风干。

在韩国，肉脯通常被当作下酒菜或零食，而对蒙古人来说，风干牛肉干有多种不同的食用方法，既可以当作旅行中的干粮，又可以做菜吃，也可以煮汤喝。

第二道食物，令人想起蒸排骨的闷罐烤肉

在蒙古，人们通常会用闷罐烤肉来招待贵客。闷罐烤肉是具有代表性的草原食品，蒙古人从1300年前就开始食用闷罐烤肉。为了让我尝一尝闷罐烤肉，主人一家人走进羊圈开始抓羊。如果我看到小羊活活地被宰杀的话，估计就吃不下去了，于是便躲到了一旁。

听乌拉巴托电视台台长说，把羊抓住后先在胸部划开一个小口，然后把手伸进去，紧紧捏住心脏，这样羊会在瞬间休克死亡。用这种方式宰杀，家畜所受的痛苦将会最小。一只羊很快被分成了不同的部位，接下来就到了该做闷罐烤肉的时候了。

闷罐烤肉是具有代表性的草原食品，跟韩国的蒸排骨非常相似。

　　将柴火放进铁桶里，上面放一个能盛下整只羊的大高压锅，锅里除了放有土豆、洋葱、胡萝卜和羊肉以外，还有一个东西，那就是提前烤热的石头。跟热石头一起烤的话，肉不仅会熟得更快，而且还会去掉腥味，这样肉的味道会更好。

　　制作闷罐羊肉需要两三个小时的时间。到了傍晚，闷罐羊肉终于制作完成。打开锅盖的瞬间，看起来非常美味的羊肉泛着褐色的光泽，袅袅的蒸汽从土豆和胡萝卜上升起，令人不觉想起蒸排骨。

　　将闷罐羊肉盛进盘子里后，所有人并不是先挑肉，而是先挑石头，就是刚才放进锅里的石头。据说将热石头放在手里揉搓的话，能够缓解疲劳，并能消除寒意。于是我也跟着拿起了石头，大概过了五分钟，手被石头捂暖后，全家人便开始吃起了烤肉。

　　其实，我不太喜欢吃羊肉，因为不太喜欢羊肉的膻味，但是热情的主人给我撕了一块羊肉，我想拒绝又不好意思，害怕扫了主人家的兴，显得没有礼貌。于是咬着牙把那块羊肉放进了嘴里。令我感到意外的是，这比我在韩国吃过的所有的肉都要鲜嫩，而且也没有羊肉的膻味。本来打算只尝一口，结果不知不觉又吃了好多。

　　虽然蒸排骨用的食材是牛肉，而且里面会放入各种调料，跟闷罐烤肉有一些不同，但是将肉块放入大锅中蒸煮的烹饪方式，二者是非常相似的。

手擀面的远亲，羊肉面

男人们在蒙古包外做闷罐烤肉的时候，女主人也在准备着另一种食物，羊肉面。羊肉面是汤面的一种，是牧民们的主食，先用光滑的擀面杖将面团擀成薄片，然后用刀切成细条，做成面条。

这在韩国是很常见的景象，跟做手擀面的方法一样。如果非要找出不同的话，那就是面条的长度了，羊肉面的面条一根只有中指那么长。

看女主人切面条的样子不是太难，于是我也拿起了刀想试一试，但谁知我切的面条全都黏在一起，完全没有想分开的意思。切面的时候手不能太使劲的……长今的脸都被我丢光了。

女主人一边跟我聊着天一边做着面条，不一会儿肉汤就做好了。和韩国的手擀面不同的是，羊肉面是将羊肉或肉干放进汤里煮，待煮出香味时将羊肉捞出，再将面条放进去煮熟即可。看起来跟安东手擀面一模一样，而面汤浓郁的味道和牛骨汤很相似。

不放面条只放牛肉的汤被称为牛肉汤，韩国的牛杂汤（先农汤）就起源于牛肉汤。

回到韩国后，我曾向专家请教过牛杂汤的由来。据专家所说，牛杂汤名字的由来有多种说法。史学家、文人崔南善（1890—1957）认为牛杂汤的名字是由肉汤的蒙古语发音和汁的日语发音结合起来形成的。也有人认为，牛杂汤因小火慢煨（小火慢煨的象声词跟韩语的牛杂汤是同一个词）而得名。还有另外一种说法是，据说在朝鲜时期，惊蛰后的第

将肉放进水里煮成肉汤的形式源自西北游牧民族，后来传到了韩国。

一个亥日，人们会堆砌先农坛来祈愿丰年，这个时候会将整头牛或整只猪当做祭品摆上祭祀桌。祭祀结束后，牛会用来煮汤，猪也会煮熟分给君王和百姓享用，而牛杂汤（先农汤）的名字是先农坛的变形。

　　不管牛杂汤名字的来源究竟是什么，但肉汤的形式的确来源于西北游牧民族饮食。虽然我们的祖先在朝鲜半岛三国时期也喝肉汤，但后来中断了一段时间，直到高丽末期受到了元朝的影响，才开始重新兴起。在遥远的蒙古草原上，竟然有跟韩国饮食如此相似的食物，的确是一件很有意思的事情。

饮食文化的荣耀之路

第二天，我们来到了乌兰巴托市内的蒙古传统餐厅，在那里我们尝到了更多的蒙古传统饮食。厨师长做的蒙古传统菜品比我们在草原上吃到的要华丽很多，因为招待的多是外国游客，所以在菜品的装饰方面下了不少工夫。仔细看这些打扮得花花绿绿的食物，可以发现跟韩国饮食有很多共同点。这里的包子跟韩国不一样的是，它的馅儿是纯肉的；用羊肉做的白切肉跟白切牛肉很像；将牛肉和洋白菜、土豆、胡萝卜、葱等一起煮制而成的牛肉汤，会让人联想起韩国的牛肉萝卜汤；将用羊血、荞麦粉、野生大蒜和韭菜等制成的馅儿放进羊的肠子里做出的血肠，如果把羊肠换成猪肠，把羊血换成猪血的话，跟韩国的血肠几乎是一样的。

跟韩国饮食有很多相似之处的蒙古饮食，其中有一部分是元朝时期传到朝鲜半岛的。不仅是肉，家畜身上几乎所有部位都能作为食材这一点，以及发达的肉汤文化和蒸肉文化，都是韩国饮食和蒙古饮食的共同点。

为了了解更多关于元朝和高丽饮食交流的故事，我们跟蒙古国立大学的韩国学教授才令多智一起来到了蒙古国立博物馆。位于二层的展馆中展示着曾统治了从欧亚大陆到东亚、被认为是蒙古历史上最鼎盛时期的元朝的遗物。一进入二层展馆，首先映入眼帘的是一鼎可以盛下十几个人的大锅。才令多智教授介绍说，这是蒙古帝国时代曾经使用过的"黑龙锅"，他指出，饮食文化是蒙古帝国能够统治世界的因素之一。

　　蒙古帝国的军队以其机动力、组织力和勇猛，被认为是世界上最强悍的军队，而蒙古军队之所以能发挥其优异的机动力，得益于游牧民族特有的饮食文化。蒙古军人出征的时候，通常会携带风干牛肉干作为干粮，没有水分的牛肉干不仅携带方便，而且可以当作行军中的主食来补充体力。行军途中休息时，还可以用牛肉干煮汤吃。以肉食为主食的蒙古军，通常将从本国带来的牛肉干，或者在征战途中捕获的猎物，作为出征的食粮。

　　历史剧中常常有切断敌军粮草补给路线或者烧毁敌军粮仓而令敌军覆灭的桥段。切断敌军的粮草就像绑住了敌军的手脚一样，但是这种战术对于用牛肉干和打猎来解决军粮问题的蒙古军似乎行不通。蒙古军于1231年进入朝鲜半岛，从那时起，高丽和元军打了30年的仗。

在此后将近100年的时间里，高丽一直深受元朝的影响，很多元朝人来到高丽，也有很多高丽人去到元朝。才令多智教授说，当时高丽的服饰、饮食和器皿等在元朝很流行，被称作"高丽样"或"高丽风"。

另一方面，当时在高丽流行的元朝的服饰和饮食被称为"蒙古风"。不同的民族和文化混合在一起，使人们的生活开始有了新的变化，饮食也不例外。我们现在常吃的豆腐，以及韩国的烧酒，都是来自当时元朝的饮食。

不过，最大的变化还是肉食的复兴。饮食习惯以肉食为主的蒙古人大举进入高丽后，其饮食文化也在高丽传播开来。

当时来到高丽的蒙古人被称为鞑靼人。就像之前郑慧庆教授说的那样，因为高丽人不擅屠宰，不少鞑靼人以屠宰为业来维持生计，他们便是最早期的屠夫。历史学者李熙根老师在《我们中间的他们，历史的一帮人》一书中提到，通过朝鲜初期的各种文献可以确认鞑靼人的存在。《太宗实录》和《世宗实录》中也有记载称，蒙古人的后裔鞑靼人主要

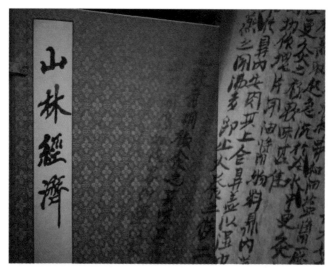

饮食习惯以肉食为主的蒙古人大举进入高丽后，其饮食文化也在高丽传播开来。

生活在黄海道、平安道和咸镜道一带，延续着他们固有的畜牧生活方式，包括挤牛奶、屠宰等。

高丽末期，进入朝鲜半岛的蒙古饮食，不仅令因崇佛思想而被禁止的肉食文化得以复兴，而且以元朝的烹饪方法为基础的肉类饮食也变得多种多样。1715年，朝鲜王朝肃宗年间，由洪万选（1643—1715）编撰的家政生活书《山林经济》一书中出现的肉类烹饪方法中，60%都是引用元朝的料理书《居家必用》中的内容。将羊头煮熟后切成片的煮羊头，将羊肉煮熟后切成片的煮羊肉，以及用羊内脏做的羊肉脍方等，只需把羊肉换成牛肉，其烹饪方法跟牛头肉片、牛鲜肉、牛百叶或牛腰、生拌牛肝等一样。由此可见，韩国饮食受到了元朝肉食烹饪方法的极大影响。

朝鲜时期王室的牛奶粥和生肉片等，也是受到蒙古族的影响而诞生的饮食。但是蒙古人喜欢吃的黄油或奶酪却没能在高丽扎根，因为朝鲜

　　半岛的牧场很少，很难饲养奶牛，再加上韩牛产的奶很少，顶多也就能做牛奶粥，不足以制作黄油或奶酪。虽然有很多蒙古饮食传到了高丽，但只有能适应朝鲜半岛条件的食物才能存活下来，并被改进为适应韩国人口味的新食物。

　　在用血染成的战争历史中，还能诞生那么多的饮食，真是一件不可思议的事。这样看来，我们常吃的"部队汤"，也是在韩国战争中出现的食物。在战乱中，人们接触到并接受陌生的文化，由此衍生出新的文化，其中饮食便是最具代表性的文化之一。现在我们餐桌上的食物中，层层累积着大韩民族一路走来的历史，铭刻着在这片土地上经历了岁月磨难的先人们的生活和智慧。正因如此，饮食并不是单纯的食物，而是代表着韩国人的生活、令我们回顾大韩民族悠久历史的珍贵礼物。

　　虽然我平时更喜欢吃素菜，但因为要拍摄
关于肉类饮食的纪录片，所以在这一年期间，
我也吃了不少肉食。在切成薄片的牛肉片外面
裹上一层糯米粉和鸡蛋煎制而成的肉饼，将筋
道的口感完全保存下来的牛肉片，用梨丝和肉
丝做成的具有独特口感的生拌牛肉，加有各种
蘑菇和蔬菜的牛肉火锅，在水原吃到的巨大的
烤排骨，用铁网烤制而成的彦阳烤肉，以及汤
泡饭味道堪称一绝的平阳烤肉……似乎韩国的
肉类饮食种类比其他国家的都要多。在料理方
法方面，有煮、蒸、炒、煎、熬、风干、腌、
烤等，可见韩国肉食料理方法的多样。虽然有

一些食物是近代以后才产生的，但大部分的肉食都诞生于朝鲜王朝时期。

高丽末年华丽复兴的肉食文化，在朝鲜时期被发扬光大。一篇论文中有以下数据：猪肉的料理方法有50种，羊肉的料理方法有29种，而牛肉的料理方法则有149种。跟其他肉类相比，牛肉类食物种类如此之多的原因是什么呢？郑慧庆教授表示，在朝鲜时期，牛肉是非常珍贵的食物，因此从头到尾都没有被丢掉的部位，随之发展出多种多样的料理方法。

几年前去南杨州游玩的时候，碰巧看到了"牛神祭"。巫婆、车夫和戴着牛头面具的人一起出来，你一言我一语地说着相声，可见跟其他的家畜相比，牛跟韩国人更加亲密。或许正因如此，才会有"牛神祭"这种祈福活动。在农业作为国家基础的朝鲜时期，牛是农耕时必不可少的家畜。虽然现在我们可以用拖拉机来耕地、碾土、搬运东西，但在以前，无论是拉犁还是搬运行李，都要靠牛来完成，所以牛和其他家畜根本不在一个级别。

建立朝鲜王朝的太祖，曾经下过"牛禁令"，禁止私自宰杀牛。不

为了逃避牛禁令的处罚，有不少人想尽各种方法来抓牛。

仅如此，就连私下吃牛肉的人，也会以"包庇宰杀犯"的罪名被视为处罚对象。因私宰牛而被处以杖刑的事非常常见，甚至还有人因此而被判处死刑。你可能会认为，国家连百姓吃什么都管似乎有些过分，但仔细一想，如果没有牛，农作物的产量就会下降，产量下降的话，国家财政就会受到损失，因此下达"牛禁令"也是有一定道理的。

但是人的心理是，越不让做就越想做，越不让吃就越想吃，因此有不少人想尽各种方法来抓牛。有些人抓到牛后说自己抓的是腿断了的牛，有些人将牛推下悬崖摔死后说自己抓的是已经死了的牛，由此可见人们对牛肉的执著程度。

在"牛禁令"的重压之下，朝鲜社会中能吃到牛肉的人并不多，只有那些有钱有势的两班或王族才可能吃到。因为罕有且价高，因此在平常人家，顶多是在极其特别的日子里用牛肉来做汤喝。但是对于有钱的富人和两班之家来说，牛肉有很多种食用方法，包括蒸排骨、烤排骨、肉饼、烤肉片等。此外，还有将牛心切成薄片烤来吃的"烤牛心"，下雪天用竹扦将牛肉串成串来烤的"雪夜脖",以及在农历十月逢一的日子围坐在火炉前烤着吃的暖炉会等。尤其是暖炉会,在朝鲜后期的两班间具有很高的人气。记录朝鲜后期岁时风俗的《东国岁时记》中记载:"按照首尔的风俗,每当阴历十月第一个逢一的日子,所有人会围坐在火炉前,在火炉上放上用来烧烤的铁网,用酱油、鸡蛋、葱、蒜、花椒粉等将牛肉腌好,然后再烤着吃,这就是所谓的暖炉会。"不仅是在记录朝鲜时代风俗的文献中有对暖炉会的描写,还有文献记载称,正祖曾经召逸章阁、承政院和艺文院的官员们举行暖炉会。由此可见,无论是在宫里还是在两班之间,暖炉会都是非常流行的。在那个时候,"牛禁令"几乎成了一纸空文。《朝鲜的美食家们》的作者金正浩在书中写道:进入朝鲜后期,虽然"牛禁令"依然存在,但已经不像以前那样严格执行了,很少有人再受到刑罚,取而代之的是缴纳罚金。对于誓要尝遍天下美味的富人们来说,罚金根本不是问题。韩国多达150余种的牛肉饮食,就是在禁止宰杀牛的"牛禁令"以及在"牛禁令"下两班们对牛肉的执著中发展而来的。

【 朝鲜时期两班们喜爱的牛肉类饮食 】

饮食名称	料理方法
烤牛心	将牛心切成薄片,用调料(酱油、梨、糖、蒜末、姜末、葱、香油、盐、胡椒)调味,再用火烤熟,口感筋道,堪称一绝。
雪夜脖	用刀背将切好的牛肉敲软后,用签子串起来,抹上一层油,撒上盐;待调料入味后,在火上烤一会儿后在放入冷水中,再拿出来接着烤;如此反复三次后,涂上一层香油,再接着烤,这样肉质会更加软嫩。
暖炉会	生好火炉后,将用油、酱油、鸡蛋、葱、蒜、辣椒粉等调料腌好的牛肉放在烤盘上烤着吃的一种饮食,适合阴历十月在野外许多人围坐在一起吃。

牛肉料理方法的种类

汤类·三十种

炖菜类·十五种

肉片类·十六种

烧菜类·七种

串类·四种

涮锅类·九种

配菜类·四种

米肠类·四种

足饼类·七种

汤汁类·四种

烧烤类·三十三种

煎类·十五种

肉脯类·十七种

鱼虾酱·一种

酱类·六种

熏制类·一种

生肉类·十一种

李
英
爱
的
晚
餐

烤肉恋歌

　　从夏天开始饮食旅行，不知不觉就到了冬天。去年冬天的雪尤其多，大雪积了1米多高，将院子完全覆盖。一直到了春天，院子才渐渐显露出自己的模样。因为去年的经历，所以今年提前做好了应对大雪的准备。可是今年一直到了12月，还很难看见雪的影子。就在这个时候，突然下起了鹅毛大雪，仅仅过了1个小时，大地就变成了白色的雪原。大人们想到要除雪会觉得很厌烦，但我们家的双胞胎见到雪却兴奋不已，在雪地里不停地打着滚。下雪天突然想到了雪夜脖，下雪的夜晚，两班们围坐在火炉旁烤着吃的雪夜脖。虽然没有火炉，也没有竹扦，但是以制作雪夜脖的心情，我准备了一顿烤肉。

　　烤肉是韩国肉类饮食的代表，同时也是最大众化的肉类饮食之一，

即使是不会做饭的家庭主妇，也能很轻松地做出烤肉。我在家最喜欢做的肉类饮食也是烤肉，自从双胞胎开始吃饭以来，我每周一定会做一次。在烤肉中放入熟柿子的画面播出后，周围很多人都问我相关的问题。在烤肉中放入柿子只是我自己的想法，因此当周围的人问到"要放多少柿子"时，我都会很为难。事实上我做的大部分食物都没有特别的配方或菜谱，仅仅是根据自己的喜好来做的。用一句话来说就是"具有很强挑战精神的食物"。因为这种挑战精神，我们家的烤肉跟别人家的烤肉有些不一样。做烤肉的时候不一定非要放柿子，根据肉质的软硬程度，我有时会放一些梨汁或酸梅汁，有时也会放上猕猴桃等其他水果，还会将大酱、鱼酱和酱油等调料混合在一起使用。此外，我们家的烤肉中会放入很多蔬菜。因为双胞胎长大后越来越不爱吃蔬菜，于是我就在孩子们喜欢吃的烤肉中多放点蔬菜，胡萝卜、洋葱和蘑菇是最基本的，有时也会放入各种青椒或牛蒡子条。要想同时均匀地摄入蔬菜和肉类的话，将二者拌在一起吃是最好的方法，而且用这种方法做出来的烤肉比其他烤肉的肉汁要多一些，与其说是烤肉，更像是烤肉火锅。

我想应该不会有人对烤肉是韩国国家代表级别的饮食这一事实提出异议吧？然而，被称为"烤肉"的这种食物出现的时间还不到100年。"烤肉"这一名词最早出现在1922年4月1日《开辟》（从1920年开始发行的月刊）22号中刊载的由玄镇健（1900—1943）写的小说《淘汰者》。进入20世纪30年代以后，烤肉这一单词频繁出现在各种文献资料甚至是大众歌谣中。首尔大学的李基文教授表示，在光复前，烤肉是平安道（位于现在的朝鲜，朝鲜首都平壤曾属于平安道）方言，光复后，这一词语跟着难民们一起来到了首尔。从最近平壤烤肉比较有名这点来看，从很久以前，烤肉就应该是平壤的特色饮食。1935年的《东亚日报》曾经刊登了一篇题为"牡丹台名产烤肉被禁止"的报道，内容说的是平壤牡丹台的名产烤肉被禁止在野外烧烤。就连政府都下达了禁止令，可见当时的平壤人是多么喜欢吃烤肉。根据一些饮食文化学者的研究，在平壤，从1933年起开始饲养专门用来食用的牛，平壤牛因其鲜嫩美味，被认为是定平和平壤的名产。如果说烤肉是平壤方言的话，那么在首尔和其他地方把烤肉称作什么呢？为了了解烤肉本来的名字，有必要探寻一下烤肉的起源。

关于烤肉的起源有很多种说法，其中最有力的说法是，烤肉是从朝鲜时期的雪夜脟进化而来。传统饮食研究家尹淑子老师再现的雪夜脟的料理方法如下：用香油、酱油、葱、姜和胡椒制成调料，将肉腌好后用扞子串起来，放进炭火中烤，肉刚开始熟的时候放进冷水里，然后再放进炭火中烤，如此反复三次后，再涂上一层调料烤一下即可。雪夜脟的

料理方法和现在的烤肉不同，既不放糖，也不放蜂蜜，也没有汤汁，最独特的是反复将肉串放入冷水中凉一下再烤熟的过程。

尹淑子老师对这种料理方法的背景进行了说明："在执行'牛禁令'的朝鲜时代，能吃的牛并不多，因为吃的主要是由于年老不能再从事农活或者已经死了的牛，所以肉质比较硬。我们推测，为了使硬的肉变得软一些，所以才使用反复将肉串放入冷水中过一遍的料理方法。"此后，雪夜脖又被称为烤牛肉。烤牛肉作为宫廷烤肉广为人知，虽然它不像雪夜脖那样放入冷水中，也不穿成串，但是用调料腌好后放在直火上烧烤这一点，是烤牛肉和雪夜脖的共同之处。20世纪60年代，烤肉开始走向大众，专门的烤肉店也随之登场。

虽然我在家经常做烤肉，但有时也会想吃烤肉店里火盘上烤的烤肉。我和老公常去的一家烤肉店，名字叫韩一馆，是首尔最悠久的烤肉店之一。韩一馆最好吃的，非鲜嫩的牛里脊和清淡爽口的肉汤莫属。这家店于1939年开业，将近80年的秘诀似乎都融化在那肉汤中。据韩一馆的社长说，刚开业时，烤肉的形态跟现在并不一样，而是类似于烤牛肉的形态。1968年明洞店开业时，使用了能盛肉汤的烤盘，因为反响很好，所以之后一直保留了下来。

从雪夜脖到烤牛肉，从炭火烤肉到肉汤烤肉，其间变化的不仅是料

烤牛肉调料原材料的时间轴

1715年	1766年	1815年	1827年	1938年	1943年
《山林经济》 盐、酱油、酒、香油、醋、葱、面粉	增补《山林经济》 盐、酱油、香油	《闺阁丛书》 生姜、香油、胡椒	《林园十六记》 盐、酱油、香油、胡椒	《朝鲜料理法》 酱油、香油、芝麻盐、砂糖、胡椒、葱、大蒜、梨	《朝鲜无双新式料理制法》 酱油、油、芝麻盐、砂糖、胡椒、葱

理的形态，还有调料。根据1715年的《山林经济》记载，烤牛肉的调料有盐、酱油、酒、香油、醋、葱、面粉等。放入盐、醋和面粉的烤牛肉究竟是什么味道，不知道对料理有极大天赋的长今能否想象得出来，反正我是完全想象不出那种味道的。而根据1815年的《纠合丛书》记载，烤牛肉调料的原料只有姜、香油和胡椒这三种。现在的水原排骨也只用盐来调味，水原排骨最大的特征是，它的肋条是普通排骨肋条的两三倍大，并且不是用酱油而是用盐来调味。水原排骨又被称为王排骨，不仅是因为比较大而得名，也有说法称，这是以前君王吃的食物，所以被称为王排骨。由此看来，用盐、葱、蒜、胡椒和白糖来调味的水原排骨的调料，跟日据时期《朝鲜料理法，1938年》一书中出现的烤牛肉相似。

每个人的口味不同，因此每家做肉食的调料也会有所差异。我个人比较喜欢甜味，所以做烤肉的时候，会放入很多水果汁，而且在肉中放入糖或果汁等，肉质也会变得更加软嫩。那么在肉中加入甜味是从什么时候开始的呢？加入白糖或梨汁的烤牛肉最早出现在20世纪，从18世纪初到20世纪的200年间，有两种不变的调料，分别是酱油和香油，但是朝鲜时期使用的酱油和现在的不同，因此就算调料相似，朝鲜时期的烤牛肉和如今的烤肉味道也有所不同。饮食就是这样，不仅通过各个民族的交流而发生变化，也会根据时代的变化而变化。

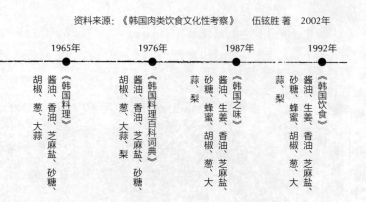

资料来源：《韩国肉类饮食文化性考察》　伍铉胜 著 2002年

雪夜脖诞生的秘密

在拍摄纪录片的过程中，我才知道原来北京也有跟韩国烤肉类似的食物，叫做烤羊肉。为了尝一尝烤羊肉的味道，我们来到了北京的什刹海。什刹海是外地游客非常喜欢的著名景点之一，什刹海的湖边林立着许多酒吧和咖啡厅，满是中国风建筑的胡同里，明清时代的建筑鳞次栉比，据说这里始建于13世纪元朝时期。在这条街上，有一家名为"烤肉季"的餐厅，建于160年前的清朝时期，是北京历史最悠久的餐厅之一。据说当时在这条街上有很多卖烧烤的老店，有一个姓季的人买下了一处房子，开了一家烧烤店，就是现在的烤肉季。烤肉季的招牌菜是烤羊肉。在经理卢建伟的带领下，我们来到了包间，一个直径足足有1米的烤

饮食文化是不断发展和变化的，在与其他文化进行融合并变化的同时，仍保有着自己的传统。

盘映入眼帘。将用调料腌好的羊肉放在烤盘上，再用很长的筷子翻烤，这就是这家店的招牌菜——烤羊肉——将羊肉或牛肉切成薄片，拌上酱油、蒜、鸡汤、盐和糖，使肉入味，再烤制而成。除了鸡汤以外，烤羊肉的其他调料和朝鲜时期的烤牛肉非常相似。

据说烤羊肉诞生于元朝时期。赵荣光教授说："元朝之前中国人吃肉并不多，元朝时期受到蒙古族人的生活习惯和喜好的影响，中国社会和饮食文化都发生了很大的变化。"接着他补充道："那么是不是元朝时期诞生的饮食都是蒙古族的饮食呢？不是。那是蒙古族和汉族结合而形成的饮食文化吗？也不是，比这更加复杂。蒙古族统治中国的90年间，有数十万异族人来到中国，他们被称为色目人，也就是今天中亚信仰伊斯兰教的民族。色目人在元朝的社会地位仅次于蒙古人，无论是内政还是远征等对外关系，色目人在元朝政权中都占有很重要的地位。在这种情况下，蒙古族的草原文化和中亚色目人的伊斯兰文化以及其他民族的文化结合在一起，形成了元朝时期独特的饮食文化。"也就是说，元朝时期各个民族的文化结合在一起，又形成了新的文化。

　　回到韩国后，我又发现了一些有意思的资料。《海东竹枝》中对名为雪夜炙的食物进行了如下说明："开城府的特色菜肴牛排骨和牛心的做法是，用油和熏料调好味，放在火上烤制半熟后，放入冷水中冷却一下，再放到火上烤熟即可。在下雪的冬天夜晚，可用作下酒菜，肉质鲜嫩可口。"还有一种跟雪夜炙类似的食物叫薛炙，《韩国语大辞典》中对薛炙的解释是："源于松都薛氏，将牛肉或牛内脏用竹签串起来烤制而成的食物。"有饮食学者认为，薛炙的制作方法和雪夜炙或雪夜脬的制作方法相同，因此很可能是不同名字的同一种食物。那么最先做出薛炙的松都薛氏是谁呢？非常遗憾的是，我们没有找到任何关于松都薛氏的记录，而庆州薛氏的祖先是维吾尔族人这一事实，已经得到了学界的认证。庆州薛氏的祖先是元朝时期官居高位的偰文质，他的孙子薛孙为了躲避元末战乱，于1358年移居高丽，他的后人们在高丽末期以及朝鲜初期都官居高位。高丽末期，从贵族到商人、庶民，许多色目人来到高丽首都开城，他们的饮食文化也随之一同进来。穆斯林特有的面包"霜

花"和薛炙，就是其中的代表。

　　这样看来，薛炙跟中东和土耳其的代表饮食——土耳其卷饼很相似。如果真如一些饮食学者们的推测，烤肉的原型雪夜脖是受穆斯林文化影响而产生的饮食的话，那么烤肉也是受异族影响而产生的。但就算土耳其卷饼和烤肉的根源相同，如今烤肉也已成为韩国的代表饮食，而土耳其卷饼则是中东的代表饮食，人们不会认为烤肉和土耳其卷饼是一种食物。所谓饮食，是通过交流得以进化和新生，在此过程中，又融合了不同民族的文化。因此不管烤肉的起源如何，烤肉的确是韩国饮食。回顾在烤肉中蕴含的悠久历史，我又想起了赵荣光教授的话："饮食并不仅仅是满足嘴和眼的享受，它还具有更加丰富的意义。"

肉汁烤肉

牛肉切成薄片，用调料腌制之后备用。将肉汤倒在铁烤盘边缘，腌制过的牛肉放在中间烤制。特征是把大量的蔬菜、蘑菇、粉条等和肉一起放在肉汤里煮熟食用。因为放了很多果汁，所以和其他地区的烤肉比起来甜味较重。

其他烤肉

【 烤牛肉 】

将切得很薄的牛腱子肉或者牛腿肉放到调料酱（酱油，蜂蜜，砂糖，香油，芝麻盐，葱，大蒜，胡椒粉）中腌制，随后放到烤网上去烤，在烤制后的牛肉上面撒上松子粉作为装饰。众所周知的宫中烤肉是因为切成薄肉片然后食用，因而称之为"不厚的"烤肉。

【 "房子"烤肉 】

这种烤肉烤制时只放盐来调味。没有丰富的调味料，只突出肉类本身的香气和风味。只是在吃的时候用葱丝和生菜搭配起来吃。"房子"的原意是指官府工作的杂役。相传朝鲜时代一个杂役在等待主人的时候在外面得到一块肉，当场烤来吃掉了，"房子"烤肉因此而得名。

【 调味烤肉 】

专指将牛肉用加了盐、香油、胡椒粉和蒜蓉调制而成的调味料腌渍之后烤的肉。传说某位厨房大妈无意中让牛肉掉进了事先准备好的调味料中，情急之下只好将其捞出来揉搓洗净，但肉已入味，当天正好是中秋节，有客人来访。他将掉进调味料里的肉端上了客人的餐桌，没想到风味绝佳，客人赞不绝口。

各个地区不同的烤肉味

〖 烤架烤肉 〗

将肉切成粗条放入各种调料，预先腌好。将烤网上蘸上水后，放上一张韩纸，然后在韩纸上面放肉烤，烤熟后吃。

〖 彦阳烤肉 〗

彦阳烤肉的最大特点在于肉。使用被屠杀还不到一天的幼母牛，为了保存肉本身的味道，所以没有过多调味料，只是用盐来腌，吃的时候，将用盐腌好的生肉，放在优质炭上烤，然后用萝卜、生菜包着吃。从日据时代开始，庆尚南道彦阳邑就有很多屠宰场，在1960年左右，有餐馆将腌好的肉给修高速道路的劳工们吃，劳工们口口相传，彦阳烤肉也变得有名起来。彦阳烤肉可以分为彦阳式与凤溪式，凤溪式的特点是将肉放在炭火上烤时才撒上盐。

〖 光阳烤肉 〗

相传光阳式烤肉是朝鲜时代尊贵的两班们为感谢书生们教导孩子而特别的，这种习俗由来已久。光阳烤肉是使用幼牛或是母牛的肉，将肉切成薄片放入酱油、蔗糖、梨汁等入味后，再放在烤网上烤着吃。而且它不是在吃之前就已把调味料放好，而是在吃的时候放入调味料再烤着吃的。除此之外，光阳地区的木炭尤为出名。正因为使用优质的木炭，所以烤出来的肉质非常美味，也具有独特的味道。

日本人的烤肉，韩国人的烤肉

不久前，我在一家商场看到有卖日式烤肉酱的，为了尝鲜，我买了整整一桶。回家后按照店员教的方法，我试着做了一次日式烤肉。味道跟韩国的烤肉有些相似，但也有一些微妙的差异，虽然没有韩国烤肉那种浓郁的味道，但却清新爽口。

日式烤肉和韩国烤肉在字面意义上来看完全相同。在江南有不少日式烤肉店，在商场里买日式烤肉酱也不是什么难事，现在烤肉已经成为日本具有代表性的肉类饮食之一了。在日本共有2500多家烤肉店，最有名的烤肉街在大阪的鹤桥。在鹤桥，据说有一半的店铺都是烤肉店。就像韩国人吃铁板鸡就到春川，吃牛肉饼就到潭阳一样，日本人要吃烤肉的话就会来到鹤桥。通过同时标有韩文和日文的招牌可以知道，鹤桥大部分的烤肉店都是由在日韩侨所开。电视节目中也介绍过很多次，日式烤肉源于"二战"后在日韩国人制作的荷尔蒙烧烤。由于战后物资不足，贫困的在日韩侨们将集市上被丢弃的牛或猪内脏捡来烤着吃，这便是所谓的荷尔蒙烧烤。京都立花大学的名誉教授吉田向我们解释了荷尔蒙烧烤立足于日本社会的背景："20世纪60年代，战后的日本开始了高速发展，从那时起，普通人家也开始吃得起肉了。当时的在日韩侨开了很多家荷尔蒙烧烤店，在那里可以以便宜的价格吃到很多肉。此外，人们认为荷尔蒙对身体好，因此荷尔蒙烧烤非常受欢迎。"后来，荷尔蒙烧烤渐渐发展成为现在的日式烤肉。

我去日本的时候，曾经逛过一次超市，超市中有一片区域卖的全是日式烤肉酱，一眼望去，足足有数百种。看到我那么惊讶，翻译告诉我，日式烤肉酱在日本是卖得最好的调料。在荷尔蒙烧烤闻名于日本社会半个世纪之后，烤肉已经成为日本人最喜欢吃的肉食之一了。

虽然日式烤肉起源于韩国的烧烤文化，但是日式烤肉和韩国烤肉还

是有一些差异的。与先腌再烤的韩国烤肉不同，日式烤肉是先把肉烤好后再蘸着调料吃。在将自身饮食文化融入到其他民族的饮食中并创造出新的饮食方面，日本人具有卓越的才能。小学的时候，在特别的日子里，父母会带我去一家日本人开的西餐厅，菜单上只有汉堡牛排、炸猪排、炸鱼排、炸牛排这几种，我每次都会点配有洋白菜沙拉的汉堡牛排。当我一手拿刀一手拿叉子，笨拙地切下一块肉放进嘴里的时候，我的心情就像童话中的小宫女一样。在我幼年时期的记忆中，简易西餐就是日本人做的西餐。在韩国的烧烤文化传到日本社会的半个世纪中，不知不觉间，烤肉已经成为日本饮食文化的代表之一。

　　位于日本京都的一家分餐料理店就是一个典型的例子。分餐料理又被

源自于韩国烧烤文化的日式烤肉，是日本人非常喜欢吃的肉类食品之一。

称为会席料理，是从江户时代流传下来的宴会料理，一般分为三菜一汤、五菜一汤或五菜两汤。分餐料理的食材主要是海鲜和蔬菜，其特征是每一道菜的食材、料理方法和味道都不相同。不过据说最近在京都非常有人气的分餐料理店，所有套餐的食材中都有牛肉，包括牛肉寿司、生鱼牛肉片、烤牛肉等。精美地摆放在盘子里的牛肉，华丽得让人分不清究竟是牛肉还是西式糕点。这家店的桌子跟其他分餐料理店也有所不同，跟韩国的烤肉店一样，桌子的中央都有一个火炉，是用来烤牛肉的。不过韩国的烧烤文化是将同一种牛肉分为几人份烤来吃，而这里的牛肉最多只有三四块，分别是不同的部位及蘸有不同的调料。根据部位的不同，肉质或筋道或鲜嫩；根据调料的不同，味道或甜或酸或香。仅仅使用牛肉，就可以再现出烤肉多样的味道，就像是由多种海鲜构成的全鱼宴或者全寿司宴一样。虽然套餐中的主菜是烤肉，但是整个套餐的构成却具有鲜明的日本分餐料理特色，就像把汉堡中的肉饼改进成汉堡牛排一样。在韩国的烧烤文化中融入日本特色，又形成了他们独有的一种新的饮食文化。

之前有韩国女子组合在日本电视节目中关于饮食的发言引起了部分网民的不满。导火索是主持人问她们最喜欢的日本食物是什么？其中一人回答是日式烤肉。有一些韩国人认为，放着韩国烤肉不吃，为什么要喜欢日式烤肉？也有日本人认为，日本有那么多的传统饮食，为什么非要选择在日韩国人创造的日式烤肉？当然对这一回答比较敏感的人还是少数。

所谓饮食，会根据时代和人的不同而有所变化。我们喜欢吃的食物中也有跟日式烤肉处境相同的，比如海鲜面、炸酱面、部队汤等。海鲜面源于日本长崎华侨卖的乌冬面；炸酱面也是一样，不过中国的炸酱面和韩国的炸酱面只是看起来相似，但是味道完全不同；而部队汤也是战后美国部队中的食物。在我看来，海鲜面、炸酱面和部队汤都是韩国饮食，因为它们是在世界其他地方吃不到的食物，是韩国人喜欢吃的食物，更是凝结着韩国人记忆的食物。

日本人将自身的特色融入到其他民族的饮食中，创造出新的饮食文化。

第五章

融合与共存的
餐桌

在纪录片拍摄即将结束的时候，我收到了在京畿道举行的多文化聚会的邀请。居住在京畿道骊州市的来自各个国家的女性们，将在聚会上分享不同的食物。一踏进聚会场所，食物的香气就扑面而来，看来食物已经准备得差不多了。我刚推开厨房的门，所有人立刻停下手中的活，欢迎我的到来。桌上摆放的都是她们家乡的饮食，就连娘家近在咫尺的我都会经常想念妈妈做的饭，对她们来说，肯定会更加思念家乡的亲人和妈妈做的饭菜。这个聚会的主要目的，也是为了让大家一边分享故乡的饮食，一边共叙乡愁。当我问她们韩国饮食中最

难适应的是什么时，索菲立刻回答说是"大酱汤"。嫁到韩国后，索菲才第一次吃到大酱汤。每天都要煮大酱汤，刚开始对她来说是最辛苦的事，但是现在她已经爱上了大酱汤。与之相反，大多数人说烤肉是她们最喜欢吃的韩国饮食。"我会在调料中放入酸梅汁，这样可以去掉肉的腥味。"有人公开了烤肉的秘诀，其他人都点头表示非常赞同。

越来越适应韩国饮食，也意味着她们对韩国的生活和文化越来越适应，我也希望通过她们做的食物跟她们更亲近。虽然其中有几道菜我比较熟悉，但是大部分食物还都是第一次见到。来自日本的酒井亚子也准备了日式土豆炒猪肉，来自柬埔寨的索菲准备了柬埔寨牛排（调料主要是胡椒和牛排），来自越南的允河准备了越南春卷，来自蒙古的智允准备了羊肉饺子，来自中国的明子准备了红烧肉，来自菲律宾的杰娜琳准备了阿道包（将酱油、醋、大蒜、糖和胡椒放入洋葱和猪肉中，用慢火炖制而成），还有来自印度尼西亚的刘丽珊准备的有着独特椰香味的炒牛肉。虽然大部分都是第一次见到的食物，但是没有一个让人觉得反感，其中有一些跟韩国食物的味道还很相似。我也为这次聚会准备了一道菜，那就是烤肉。我刚把肉烤好盛到盘子里，其他主妇们的菜也都做好了。就这样，一张餐桌上汇集了亚洲8个国家的饮食。虽然大家有着不同的肤色、文化和语言，但当所有人坐在餐桌前，分享着这些美食时，彼此之间的距离也变得更近。这种亲近感跟秋天在汶湖里举行乔迁宴时不同，虽然是来自8个国家不同的味道，但却相当和谐，因为今天在餐桌上的不仅是食物，更是由共存和融合谱写的一曲合音。虽然只是一次简单的聚餐，但是那天美好的回忆，将令我永远难忘。

不久前有报道称，2013年因结婚而移民韩国的人数已经超过28万，到2050年，多文化家庭的人口数将超过200万。此外，在韩国居住的外国人已接近140万，韩国已经成为OECD（经合组织）国家中常住外国人口增长速度最快的国家。也就是说，多种文化共存的社会已经离我们不

今天我们做的这些食物，是由共存和融合谱写的一曲合音。

远了，又或者说，我们已经处于这样的社会之中了。

虽然多文化聚会中的大多数食物对我来说都很陌生，但或许在不久的将来，这些陌生的食物会经常出现在我们的餐桌上，又或许它们与韩国饮食相融合，形成新的韩国饮食。现在我们生活的社会，已经与以前大相径庭。一千年前，通过战争和贸易，其他民族的饮食来到了这片土地。但如今，只要动一下手指头，就能在网上查到地球的另一边有哪些美食。地球变得越来越小，国家间、民族间的距离也变得越来越近，而我们正是生活在这样一个可以交流各种美食的时代。

赵荣光教授在接受摄制组采访时说："在漫长的人类历史中，文化交流从未像现在这样频繁。在文化交流的过程中，人们对优秀的文化表现出好感，并很快地接受，饮食文化也呈现出多元与融合的趋势。长期来看，这种相互作用会越来越多。"听了赵荣光教授的话，我突然想到一个问题：那是不是意味着现在的韩国传统饮食，在未来可能会解体甚

至消失？赵荣光教授笑着否定了我的想法。他说："中国人常说，我们最喜欢的味道是'妈妈的味道'，'妈妈的味道'就是传统的意思，就像韩国人喜欢吃米，意大利人喜欢吃面。我们无法想象，有一天韩国人不吃米改吃意大利面，而意大利人不吃意大利面开始吃米。这是不可能发生的事，因为这是习惯，因为我们从小吃的东西、第一次吃的东西，一辈子都不会忘记。因此，'妈妈的味道'就是传统，通过妈妈的手艺，传统得以传承。"也就是说，饮食虽然会随着时代和环境的不同而变化，但是传统不会完全消失。就像虽然首尔有很多外国餐厅，也有很多所谓的混合料理，但这些饮食都无法取代妈妈做的饭菜一样，新生的饮食和延续传统的饮食并存并共同发展，这便是所谓的饮食文化。

第三部分

沟通与融合
的晚宴

第一章

第一次晚宴，在韩餐的不毛之地佛罗伦萨

中秋假期前夕，我来到了意大利佛罗伦萨。两个月前，我接到了来自Gucci的邀请，希望我在意大利举行一场晚宴。我和Gucci的缘分始于1年前，那时Gucci韩国的后援团体——韩国国民信托（开展自然和文化遗产保护活动的团体），邀请我担任"我的爱 文化遗产运动"的宣传大使。

虽然从《大长今》时起，我就已经很关心韩国的文化遗产了，但实际上令我下定决心承担起宣传大使这一职责的原因，是我成为了两个孩子的母亲。有了孩子后，看问题的角度有了新的变化，成为母亲后，我开始对那些对孩

子可能产生影响的文化和传统有了一定的责任感。就在我专注于拍摄纪录片的时候，我接到了来自Gucci的邀请，作为文化遗产保护运动的一环，在意大利举办一次韩餐晚宴。看似偶然，实为必然。于是，我二话没说便接受了这个提议。

但是随着临行的日子越来越近，我却开始不安起来，因为我觉得自己对韩国饮食的了解还非常不够。时间过得飞快，不知不觉间，我就坐上了飞往佛罗伦萨的飞机。

英国作家爱德华·摩根·福斯特在他的小说《看得见风景的房间》中这样描写佛罗伦萨："在佛罗伦萨一觉醒来，睁眼看到的是一间光线充足的房间，这是相当愉快的事。"对于这位天才小说家的文字，我深有同感。推开窗户，就看见清晨的阳光照在泛着银色波纹的阿尔诺河上，河上面是改变了但丁和比阿特丽斯命运的维奇奥桥。远方传来阵阵钟声，沿着钟声的方向眺望，可以看见江国香织的小说《冷静与热情之间》中男女主人公约定见面的圣母百花大教堂。记得有人曾经说过，佛罗伦萨就像是天赐的博物馆，整个城市既是一处遗迹，又是一件艺术品。走在充满历史底蕴的巷子里，会让人有一种回到中世纪的错觉。

这并不是我第一次到佛罗伦萨，15年前我在撒哈拉沙漠拍完电影《情陷撒哈拉》（1997）后，跟朋友两个人在意大利来了一次背包旅行。现在的佛罗伦萨跟那时相比，几乎没有任何变化。对于数百年来城市面貌始终如一的佛罗伦萨来说，15年实在是太短的时间。不过15年前的我和现在的我身份有了不同，那时的我只是背着背包的游客，而现在的我则是作为宣传韩国饮食和文化的传道士而来。

据说在佛罗伦萨没有一家韩国餐厅。饭店的员工告诉我，这里有中国餐厅和日本餐厅，但是从来没有听说有韩国餐厅。据这里的韩国侨民说，日本餐厅里售卖韩式烤肉，这是在佛罗伦萨唯一能吃到的韩国饮食。

　　听到这些，我的担忧倍增。因为韩国饮食对于佛罗伦萨人来说，也许就像是坦桑尼亚或多米尼加共和国的饮食对我来说非常陌生一样。而且佛罗伦萨被称为意大利艺术之都，在欧洲，饮食也是艺术的一种，因此佛罗伦萨人的口味一定也非常挑剔。对于能不能满足他们的口味，我也很是担心。

　　为了准备晚宴，有一批人比我提前5天来到了佛罗伦萨。他们是又松大学传统料理系的教授和学生们。据说学校专门挑选了最具实力的学生，在过去的两个月里一直在为这次晚宴做着准备。带领5名学生的是金惠英教授和朴正熙教授。在为外国人准备晚宴方面，二位都非常有经验。即便如此，他们对待这次晚宴依然非常慎重，光是确定菜单就花了一个多月的时间。确定菜单后，又对料理方法进行了多次研究。因为我们都希望能够通过这次晚宴，让佛罗伦萨人对韩国饮食有良好的第一印象。我能为这些大厨们所做的事情实在是太有限了，仅仅通过语言给他们以激励似乎远远不够。出发前，我一直在考虑要为他们做些什么，后来突然想到，在陌生的佛罗伦萨待上几天，他们说不定会想念韩国饮

现在的我跟15年前的处境有所不同，这次我是作为宣传韩国饮食和文化的传道士而来。

食。但是他们都是传统料理方面的专家，我给他们做饭吃岂不是班门弄斧？想了很久，我终于确定下了菜单——炒年糕。对于炒年糕我还是非常有自信的，而且这些年轻孩子们应该都会喜欢炒年糕。

一听说我想做炒年糕，所有人都吓了一跳，期待着"大长今的炒年糕"。我突然"压力山大"。

我在住处借了一间厨房开始做炒年糕。不知道是因为厨房不熟悉，还是因为在专家面前太紧张，做的过程中频频出错。先是忘带了酸梅汁，再是年糕放得太早以致于都泡烂掉，还错过了放拉面的时机……就这样在慌乱中，我终于完成了这道炒年糕。

端上炒年糕后，我小心翼翼地观察着他们的反应。万幸的是，盘子瞬间就空空如也。虽然只是一碗炒年糕，但是我希望能借此来表达我对这些年轻大厨们的支持。

晚宴中的餐点由六个部分共25道菜组成。或许是考虑到佛罗伦萨人对艺术的感性，这些菜可谓色香味俱全，在确保味道正宗的同时，将视觉效果最大化。

在学生们的帮助下，我试着做了一次肉脯点心，制作过程不是一般的复杂。首先要将晒干的肉脯和松子压成粉末，然后依次将松子末和肉脯末放入点心框中，最后用力压紧，这样才能做出一块肉脯点心。松子末和肉脯末的比例哪怕只有一点差错，点心就会完全走样。不仅是肉脯点心，就连泡菜和酱菜，他们也亲自腌制。看来在韩国他们就已经做了万全的准备。

虽然没能一一观摩晚宴准备的过程，但从学生们每个关节都磨出茧的手可以看出，他们有多么辛苦。看着这些装满教授和学生们热忱的食物，我才发现自己的担心不过是杞人忧天。

为了不使教授和学生们的努力白费，我只有尽自己最大的努力，来向宾客们介绍这些食物，这也是我的职责。

⫷ 佛罗伦萨晚宴菜单 ⫸

套餐	菜单说明
餐前开胃点心	肉脯点心、人参慕斯、地瓜片、藕片、枣片
粥	霜花粥、圆白菜苏子叶泡菜
冷盘	大虾松仁拌菜、水参肉片、凉拌菜糊
热菜	鸡肉大蒜什锦烤串、越果菜、绿豆饼
主菜	蒸排骨、荷叶饭、泡菜、各种腌菜（沙参辣酱腌菜、梅子酱油腌菜、花椒腌菜）、蜜饯（桔梗、胡萝卜、莲藕）
甜点	江米条、柿饼团、五味子甜茶

千年都市佛罗伦萨与两千年韩国饮食的邂逅

　　终于到了晚宴的那天，晚宴的地点在位于领主广场的Gucci博物馆。因为晚宴开始前需要准备很多东西，一早我就来到了博物馆。博物馆方面把位于二层的首席设计师室空出来给了我，通过房间的拱形窗户，包括博物馆对面的维奇奥宫以及与之并肩而立的包括学院美术馆在内的领主广场尽收眼底。环绕着学院美术馆的数十个巨大雕像，见证着16世纪以来佛罗伦萨作为欧洲文化艺术中心的辉煌。想到要在文艺复兴时期的心脏地带，播下有着两千年悠久历史的韩国饮食的种子，突然心潮澎湃起来。

　　照在领主广场上的阳光渐渐减弱，参加晚宴的宾客们开始陆续抵达博物馆。这些人都是托斯卡纳地区文化艺术界的人士，包括托斯卡纳最大的艺术财团Palagio Strazzi的理事长，佛罗伦萨文化遗产政策长官、电影界人士以及知名葡萄酒厂的老板等，最后Gucci的CEO狄马克也来到会场。在佛罗伦萨有着巨大影响力的人士都聚集到这里，现在到了我该跟他们见面的时候了。

事实上我并不喜欢这样的场合。20年来，虽然我参加过无数的电影节和颁奖典礼，但至今都很不习惯站上舞台。

我属于那种在人多的场合就会紧张的人，一想到要在这种陌生的场合招待陌生的客人，浑身就开始发麻，手脚都好像已经不是自己的了。就在这一刻，我想到了两位教授和年轻的大厨们，如果我不振作起来，他们这段时间所付出的努力都将白费，于是我打起精神走进会场。或许是因为太紧张，我刚走进会场，差点踩空摔倒，幸亏很快地稳住重心，才避免了一场尴尬。直到现在我都不敢想象，如果在那个场合摔倒的话，结果会怎么样。

晚宴开始之前，我向大家讲述了对韩国人来说饭所具有的特殊意义："对韩国人来说，无论是高兴的时候还是难过的时候，抑或是要跟某人和解的时候，都会一起吃顿饭。韩国人通过一顿饭，可以分享心情，交流感情。我也想通过今天的晚宴，跟各位分享自己的心情，同时分享韩国的文化。希望通过今天的晚宴，能够增进韩国和意大利之间的相互了解，使我们彼此走得更近。"

结束问候后，正式进入晚宴时间。又松大学的教授和学生们用了很长时间准备的食物陆续摆上桌来。我的心情就像是考生准备面试一样，因为听说大部分客人都是第一次接触韩国饮食，我很担心他们对陌生食物的反应究竟如何。一位男士小心地尝了一口，突然摇了一下头。"不怎么样吗？不合口味？怎么办？"各种乱七八糟的想法都在我的脑子里涌了上来。只见那位男士拿起菜单，确认食物的原材料，然后露出惊讶和好奇的表情，与旁边的人交流起来。因为听不懂意大利语，所以心里更加着急。就在这时，坐在旁边的狄马克先生冲我做了一个好吃的表情，这才使我稍稍有些安心。在吃头盘的时候，大家的表情还都是"这是什么？有点奇怪"，可是接下来能感觉到，他们的表情都变成了"还行吧，挺好吃的"。

在客人们享用美食的时候，我向他们解释了韩国饮食中所蕴含的意义。韩国饮食主要使用五种颜色的食材，即五方色（青、赤、黄、白、黑），这五种颜色中蕴含着宇宙万物的秩序与协调。我还向他们讲述了自己在拍《大长今》时学到的这五种颜色分别对应着人类的哪些内脏器官，以及我们祖先通过食物来养生的"食药同源"哲学。

在和谐的气氛中，意大利首次韩餐晚宴落下帷幕。晚宴结束后，佛罗伦萨保罗美术馆馆长克里斯蒂娜女士称赞所有的食物都很美味，尤其是韩国的肉食调料和腌菜，并且还问了所有食物的名字。当代文化中心的展览总监里卡多先生则对蒸排骨和红酒的组合赞不绝口，并对我们给他提供一尝韩餐风味的机会表示感谢。这次晚宴的策划人、Gucci的CEO狄马克先生最后说："我认为饮食是文化的一部分，也是艺术的一部

分，因此今天韩国饮食与Gucci博物馆的邂逅具有特别的意义。虽然今天招待的宾客很少，但我希望在将来能有更多的意大利人知道韩国，并喜欢韩国饮食。"

我这次的任务就这样顺利地结束了。事实上我的作用微乎其微，仅仅是招待客人而已。佛罗伦萨晚宴真正的主角不是我，而是辛苦准备了今天晚宴的年轻厨师们和教授。在准备晚宴期间，他们在厨房里度过了像战争一样的两个小时。当听到晚宴结束后雷鸣般的掌声时，他们都不敢相信眼前的情景。"做完后觉得自己还能做得更好，总觉得有些遗憾。"黄善真同学的眼角泛着泪光。为了短短两个小时的晚宴，他们准备了整整两个月，而我能做的就是给他们以激励："真的很棒，现在只是开始。"

不错，现在只是开始。今天我们只是在韩餐的不毛之地种下了一粒种子，将来培育灌溉这颗种子，使其茁壮成长的任务，就落到了这些年轻厨师们的身上。如果我能尽上一份力，或者需要我尽一份力的话，无论何时我都会站出来。希望下次再到佛罗伦萨的时候，我能在韩国餐厅见到更多享受韩国美食的佛罗伦萨人。

韩国食物的基础——五色

　　五色是东方文明的颜色体系，渗透于人们生活中的各个细节。每当小孩子过周岁或者节日时，都会给他们穿上彩袖小袄；不论王宫，或者寺庙，甚至两班贵族家中的女人做的碎布包袱上，都一定会有五色的身影。食物也不例外，不仅在制作食物的食材中有五色食材，在菜肴完成后，也要在摆盘的食物上搭配五色的配料。韩国的服饰、饮食、居屋都包含着五色，其原因是人们认为，五色象征着宇宙万物的秩序和造化。

【 韩国人使用的五色配料 】

1.青色：青椒、葱、西葫芦、茼蒿、水芹、蓬蒿、大齿山芹、银杏

2.赤色：红辣椒、干辣椒丝、大枣、胡萝卜、五味子

3.黄色：蛋黄、栀子、豆粉

4.白色：蛋白、白萝卜、梨、水参、大蒜、松子、栗子

5.黑色：石耳蘑、木耳、香菇、黑芝麻、紫菜

【 五色蕴含的意义 】

1.青色：万物新生的春天的颜色，是可以战胜鬼神、增加福气的颜色。

季节——春天；方位——东方；五行——木；五脏——肝脏；五官——眼睛；味道——酸味

2.赤色：创造、热情、爱情，是包含积极意义的颜色。

季节——夏天；方位——南方；五行——火；五脏——脾脏；五官——舌头；味道——苦味

3.黄色：宇宙的中心，最高贵的颜色

季节——四季；方位——中央；五行——土；五脏——心脏；五官——口唇；味道——甜味

4.白色：由于象征纯洁和真实的生命，因而韩国人喜爱穿白色衣服。

季节——秋季；方位——西方；五行——金；五脏——肺脏；五官——鼻子；味道——辣味

5.黑色：掌管人类智慧的颜色

季节——冬季；方位——北方；五行——水；五脏——肾脏；五官——耳朵；味道——咸味

第二章
第二次晚宴，既短
又长的等待

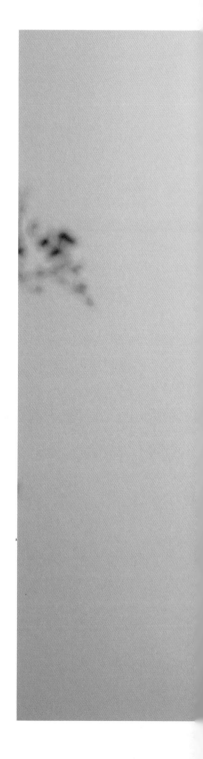

我们的饮食之旅已经进行了6个月的时间，不知不觉间送走了两个季节，开始迎来第三个季节。行道树也褪去了美丽的外衣，露出光秃秃的枝干。到了我要正式准备晚宴的时候了。在刚开始拍摄的时候，就已经计划了这次晚宴。但我既不是料理专家，也不是有名的大厨，仅仅是因为出演过《大长今》，就要赌上我的名字来准备一次晚宴，这令我有些不安。不过，几个月的学习使我对韩国饮食有了进一步的了解，食物中所蕴含的故事和意义的轮廓也渐渐清晰起来。抱着知道多少就展示多少的想法，我慢慢有了自信。

　　刚开始我觉得如果要展示韩国的味道，当然要选择韩国饮食的精髓——宫廷饮食，也正是因为如此，我才会在夏天去找韩福丽老师学习宫廷饮食。但随着我对韩国饮食了解的深入，相比"韩国的味道"，我更想展现"韩国的味道中蕴含的韩国人的情绪"。跟摄制组商议了多次后，我们将晚宴的主题确定为"沟通"。我和摄制组有个共同的想法，那就是在这次晚宴中，再现韩国人通过饮食跨越阶层进行沟通的故事。确定下主题后，就要考虑招待谁的问题。在过去的6个月里，我每见到一个人，都会跟他们说，"你知道朝鲜时代的君王会通过饭菜跟百姓交流，跟百姓分享喜怒哀乐吗？""我们现在吃的绿豆饼，以前曾是宫廷饮食。""韩国人是通过饮食来交流的民族。"我就像是韩国饮食的宣传大使一样，不遗余力地讲述跟韩国饮食相关的故事。我并不是想炫耀自己学到了很多，也不是因为必须宣传韩国饮食的使命感，而是因为对

我们通过饮食进行沟通的祖先感到骄傲，为韩国饮食感到骄傲。我想让更多人知道，我们的祖先是如此优秀。这些话我最想讲述的对象，并不是我的亲人和朋友们，而是对韩国不太了解、对韩国文化比较陌生的外国人。我想通过饮食这种最普遍、同时也是最方便的媒介，告诉世界韩国人是怎样的一个民族。

于是我决定要邀请一些从事韩国和外国间交流工作的知名人士。因为如果让他们了解到韩国饮食中蕴含的深层意义，那就不仅仅是种下一粒种子，而是能令其传播得更远。关于晚宴的新闻刚一发出，媒体就称我是"韩国饮食传道士李英爱""引领文化外交的李英爱"，甚至有一些网友误会我是不是有从政的想法。事实上，刚开始拍摄纪录片的时候，我并没有"韩国饮食世界化"或者"韩国饮食文化外交"等宏大的想法，只是想告诉我的孩子们，我们所吃的食物有哪些故事，在孩子长

大后，能跟他们一起观看一部优秀的纪录片，仅此而已。但是当我对韩国饮食的了解越来越多时，我的生活也渐渐发生了改变。出道20年来，我几乎没有精力去关注周围，无意间成了"神秘主义"代名词的我，竟然招待邻居们到家里吃饭。一般人举办乔迁宴是很正常的事，但对于我来说，则需要跨过"演员李英爱"这道坎。是韩国饮食带给了我这种变化，我想向更多人讲述给我带来如此变化的韩国饮食的故事，向包括韩国人在内的全世界的人们讲述蕴含在韩国饮食中的韩国人的温暖情意。

确定完主题和邀请对象后，便正式开始了邀请工作。从各国大使夫妇到经济、文化、艺术界、学界以及国际非政府组织的相关人士，都是我们希望邀请的对象。我和制作团队动员了自己的所有人脉。为了表达我的诚意，我给每个人都寄了一份邀请函，但因为这些人都是各领域中大名鼎鼎的人物，因此或许不会轻易答应我们的邀请。发完邀请函，也都打了电话，可是仍然放心不下。没想到的是，在邀请函发出大约一周后，我开始陆续接到电话。大部分收到邀请函的人，都表示他们对晚宴很有兴趣，有些人因为日程原因实在无法参加，也有几位为了参加晚宴

我想通过这次晚宴，讲述韩国人通过饮食跨越阶层进行沟通的故事。

调整了早已确定的日程。大提琴手郑京和老师第二天就要去海外演出，但仍决定在当天排练完后出席晚宴，令我非常感动。哪怕只是为了表达对这些人的感激，我也要尽自己最大的努力，完成一次出色的晚宴。

　　我希望能在每一道食物中都体现出"沟通"的意义，餐桌的摆设也强调韩国特色。为了报答这些人的光临，我必须做出能给他们留下美好记忆的晚宴。随着想法越来越多，野心也越来越大。但是以我的能力，一个人是无法完成这些事的，于是我开始寻找专家们的帮助。

巨匠们共同制作的晚宴

　　在准备"李英爱的晚宴"时，我得到了三位大师的帮助。他们分别是乐天饭店的厨师长李秉宇、陶艺家李能浩老师以及韩服设计师李恩熙老师。如果没有这三位的帮助，所有的事情可能都无法完成。晚宴前一个月，我在乐天饭店的"无穷花"韩餐厅第一次见到了三位。一上来我就跟他们说："20年来，我只会演戏，从来没做过这么大的事，所以很担心。"李秉宇厨师长是饮食知识特别渊博的料理大师，李能浩老师是韩国最知名的陶艺家，拥有韩国服饰史博士学位的韩恩熙老师在历史方面有非常深的造诣。在这三位面前讲述我这段时间学习的韩餐知识，似乎有班门弄斧之嫌。但为了能得到三位的帮助，我还是表达了自己希望能通过一次与众不同的晚宴，表现出韩国人的情绪和哲学。刚说完这些话，突然想到，这三位在各自的领域都是数一数二的人物，让他们一起来帮我，似乎是有些无礼。不过李秉宇厨师长的一句话使我打消了疑虑："我虽然做过无数次晚宴，但这种合作还是第一次。"他的这句话表达了他对这次晚宴的期待。离晚宴还有一个多月的时间，他们就放下手中的其他事务，一直在帮我准备"李英爱的晚宴"，直到晚宴当天也一直陪在我的身边。因为纪录片的播出时间有限，无法将他们活跃的影像全部播出，非常遗憾，也很抱歉。我想借此书介绍一下我和他们的缘分，以及准备晚宴的过程。

韩服设计师韩恩熙设计的餐桌摆设

　　韩服设计师韩恩熙老师是我的老朋友，跟老师的缘分始于15年前。1999年春天，韩日世界杯开幕前，为了展现韩日之间一衣带水的感情，举行了一场韩日时装秀。时装秀的主题是"解开的衣服，系好的衣服"。就衣服而言，韩服是解开的衣服，和服是系好的衣服。但这场时装秀还有更深层次的含义，即"韩日之间解开怨恨，紧系关系"。这场时装秀由日本的和服设计师和韩国的韩服设计师共同参与，当时韩恩熙老师就是这场秀的韩服设计师，而我作为韩服模特开始了和老师的缘分。看到老师做的韩服，就像是回到了家乡一样，心里暖暖的。后来我才知道，原因在于衣服的颜色。为了在颜色上展现韩国特色，所有染色的原料都来自大自然，不仅包括葡萄、石榴、辣椒籽等，还有艾草、洋葱、仙人掌、苏木等植物，以及五倍子等植物性原材料。因此，我才在老师所做的韩服中感受到自然的味道。认识老师以后，无论大小活动，我都会拜托老师做一套韩服。2001年我因电影《共同警备区JSA》（2000）参加柏林电影节时，2006年我作为评审再次参加柏林电影节时，都是穿着老师做的韩服走的红毯。几年前，在徐庆德教授拍摄的拌饭广告中，我穿的素色上衣配墨色裙子也是老师的作品。这次我也利用我们之间深厚的交情，向老师提出了有些过分的请求，不仅是我在晚宴中要穿的韩服，就连餐桌摆设方面的工作也都拜托给了老师。就这样，我成功找到了第一位合作者——韩恩熙老师。

进入宴会场，最先映入眼帘的就是餐桌摆设，因此我将餐桌的第一印象拜托给了老师。因为招待的宾客有70％都是外国人，所以没有安排坐席桌，而是安排了立席桌。但我希望这些客人看到餐桌的那一刻，能感觉到这不是西式晚宴，而是韩式晚宴。话说起来容易，但真的要在西式餐桌中展现出韩国特色却不简单。不过我相信老师的能力，就像我一直以来对她的信任一样。

于是就有了用天然染色的麻布做的桌布，用绣有野花图案的粗布做的餐巾，以及用拼布做的烛台装饰。所有的细节都由老师亲自设计并染色，有些还由老师亲自缝制。不仅如此，老师还准备了挂在宴会场入口处的各色灯笼，以及装饰椅子的丝带。晚宴的餐桌上处处都展现着韩国式的美，这一切都是老师的功劳。

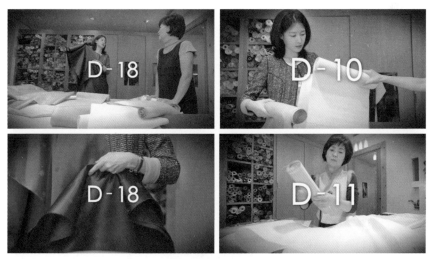

看到善用天然染料的老师做的韩服，就像是回到了家乡一样，心里暖暖的。

陶艺家李能浩用陶瓷再现朝鲜之魂

　　我是在一次偶然的机会下知道李能浩老师的。大概是10月左右，我和老公去骊州旅行，刚好碰到"陶瓷双年展"。因为不是周末，前来参观的人不是很多。展览的主题是"七个晚宴"，展出的是韩国七位具有代表性的陶艺家的作品。一走进展馆，灯光照射下的瓷碗便映入眼帘。虽然展出的都是生活用瓷器，但仍优雅得令人舍不得碰触，每一个作品都充满着作者的个性。在这些作品中，有一组非常引人注目，那就是李能浩老师的"月明秋夜的宴会"。像黑曜石一样闪耀着黑色光芒的桌子上，整齐地摆放着黑色和白色的瓷碗，墙上的灯光打在上面，就像是十五晚上的月光。这组作品是如此优雅，以至于一看到它，脑海中就浮现出秋日夜晚举行宴会的情景。虽然那时我就非常钦佩李能浩老师的功力，但做梦都没想到，后来会在我的晚宴中使用李能浩老师的作品。

　　不久后，晚宴正式进入了准备阶段。我在脑海中反复勾勒着晚宴的蓝图，而李能浩老师的作品总是出现在我的想象中，于是我决定试着去拜托一下李能浩老师，希望他能帮忙制作晚宴的餐具。谁知第一次见面还不到十分钟，他就爽快地答应了我的请求。原因是他本人作为一名陶

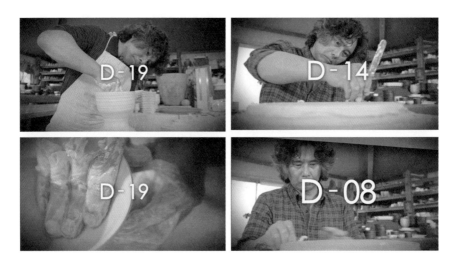

李能浩老师是一位用现代的艺术角度重新演绎朝鲜王朝时期的陶瓷文化，
并传承传统的陶艺家。

艺家，希望能将朝鲜王朝时期的陶瓷文化用现代的艺术角度重新演绎，
并将传统继续下去，这一点与"李英爱的晚宴"有共通之处。李能浩老
师的陶器使用的都是江原道杨口产的土，据说朝鲜王室的陶瓷贡品使用
的也是江原道杨口的土。用从朝鲜时期流传至今的土制成的瓷器中，装
盛着从朝鲜时代流传至今的韩国饮食哲学。

　　虽然李能浩老师答应了我的请求，但是时间是一个不小的难题。因
为每一个碗、每一个水杯都需要手工制作，因此能制作出的餐具数量可
能不够晚宴所需，而且韩国饮食的每一道小菜都需要使用不同的餐具，
因此时间显得更加紧迫。如果要制作完所有的餐具，一个月之内不眠不
休，时间也很紧张。除了向老师表达我的担心和歉意，剩下的就只有祈
祷了。

　　晚宴两天前，老师打来电话，说已顺利完成所有餐具的制作，还说
自己都不相信能在这么短的时间内做出这么多的作品。听到老师沙哑的
声音，能够感受到他这段时间有多么辛苦。在一个月的时间内，制作出
满满两货车的餐具，当然不是因为我的祈祷，而是因为老师的热忱。老
师的这份热忱也令我永远难忘。

料理大师李秉宇用饮食展现韩国人的生活

　　韩国的美食家几乎无人不知李秉宇这个名字。我是通过媒体知道"料理大师李秉宇"的，但见到本人这还是第一次。从G20晚宴到达沃斯论坛晚宴，这些国家最高级别的宴会都由他来掌勺，因此我一直想拜访他，向他咨询一下晚宴的相关事项。但在跟摄制组第一次通话时，他婉拒了我们的请求。原因是当他听到我们想"在晚宴中展现出朝鲜王朝五百年间流传下来的韩国饮食的哲学和价值"，他认为研究宫廷饮食或朝鲜时期两班饮食的人士可能更加适合。但我们没有轻易放弃，还亲自前去拜访，并详细说明了我们这次晚宴的意图。我们要做的并不是朝鲜时期的饮食，而是从朝鲜时期一直延续下来的蕴含在饮食中的韩国人的情感。这一点似乎打动了他，对他来说，虽然做过很多食物，但是"蕴含着韩国人情感的食物"还是第一次听说，因此他也想挑战一下。就这样，我们获得了李秉宇厨师长这位坚实的后援军。现在回想起来，做出这一决定，对李秉宇厨师长来说并不容易。因为作为总厨师长，他有太多工作要做。作为厨房的总司令官，他不仅要确定菜单，连餐具摆放、服务等也是他的职责。但这次餐桌装饰由韩恩熙老师负责，餐具方面拜托给了李能浩老师，就连厨师长最基本的工作确定菜单这件事，也要跟我这样的非专门人士共同讨论。因此对李秉宇厨师长来说，这次的工作可能会比准备其他晚宴要更加复杂。即使如此，他仍非常乐意参与这次活动，每次都会认真倾听我的意见，并给我以鼓励。而且我希望每一道食物中都能蕴含着可以体现出韩国人生活的故事，并通过这些故事来展现韩国饮食沟通和分享的精神。对于我这些非常苛刻的要求，他也都一一接受。

经过多次讨论，我们最终确定了由八个部分组成的套餐菜单。先撇开跟饮食相关的故事不说，不仅是菜品，就连上菜方式都和其他的晚宴截然不同。一般招待外国人的韩餐晚宴，多采用西式的分餐制形式，但李秉宇厨师长认为，为了贴合"分享与沟通"这个主题，应该在套餐中间提供可以四个人一起吃的食物，并且将饭和汤配小菜这种韩国人的基本饮食形式融入其中。

晚宴前一天，为了最后的准备工作，我在乐天饭店和三位老师见了面。李秉宇厨师长提前展示了晚宴中要做的食物，每一道菜都精致得美轮美奂，让人舍不得放进嘴里。这些菜就像是将我脑海中的想法扫描了下来一样，完全表现出了我想要的东西。与很会勾勒味道的长今相比，李秉宇厨师长连人的想法都能勾勒出来，绝对是比长今更厉害。

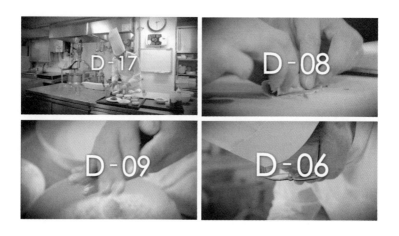

第三章
五台山中找到的两
个宝物

大自然馈赠的第一件宝物

每次有重要的事情时，我都会去一个地方——五台山。我之所以喜欢五台山，是因为它柔缓的山势。以毗卢峰为中心，五座山峰围成一个圆形，据说五台山因此得名。此外，从天上看下来，这五座山峰就像是莲花一样，因此又有"莲心山势"的说法。或许因为如此，每次来到五台山的时候，我都会觉得心里很平和。在《大长今》的角色确定之前，我曾和身为佛教徒的母亲一起来到五台山月精舍。在充满自然气息的大山之中，听着大师的箴言，我

暂时放下了身心的疲惫，在那里住了下来。但仅仅两天，我就收拾行李回到了首尔，因为我被确定了出演长今这个角色。从那以后，只要有重要的事情，我一定会去月精舍。

我决定在晚宴前去五台山也是基于这个原因。去月精舍的路上，要经过一片冷杉林。参天的冷杉就像守卫的士兵一样威武地耸立着，树木散发的香气沁人心脾，偶有一片树叶落在身上，就像落花一样。走着走着，不知不觉就到了月精舍。跟相识已有十年的慧行大师打完招呼后，我来到了大雄宝殿，祈求佛祖保佑晚宴能够顺利举行。叩拜后，我便陪在背诵佛经的母亲身边。很快就到了午餐时间，慧行大师带着我们来到了斋饭间。好久都没有在寺庙吃饭了，餐桌上都是五台山的天然食材，很多野菜都是第一次见。看到我好奇的表情，斋饭师傅东贤大师向我一一介绍了这些野菜的名字。我吃了一口其中的一种野菜，味道可谓一绝，马蹄叶和当归的味道也很不错。我问大师，为什么这比在其他地方吃到的野菜香味更浓郁？大师说，因为这些都是五台山自产的野菜。五台山山青水秀，野菜都是遵循自然规律生长的，味道自然比那些大棚里使用化肥的蔬菜要好。

这样看来，我眼前的这桌饭菜，都是用时间换来的。需要等待才能得到的食物，这便是斋饭。挖掘遵循自然规律生长的野菜是等待，腌制这些野菜的调料也是通过等待获得的。不仅如此，做斋饭还需要很多工序。正是因为这些厨师们懂得等待的意义，因此他们也被称为"庙里的活菩萨"。厨师的领悟也会反映在食物中，这是在城市里所没有的健康和纯粹的味道，每吃一口都像是对身心的一次洗礼。

离开月精舍后，我来到了旌善五日集。虽然都是五日集，但是它跟我们家附近的两水集有些不一样。这里卖的主要是一些连名字都没有听说过的野菜，以及用这些野菜做的酱菜。为了摘一筐野菜，老奶奶们不知要在深山之中弯多少次腰，挖多少次土。看着她们满是皱纹的双手，

能深深地感受到她们的辛苦。五台山本就以盛产野菜而闻名，春天大地复苏，山野菜也都纷纷穿透土壤，露出小芽。从4月起，各种野菜依次成熟，预示着春天的到来以及生命的繁茂。

对于傍山而居的人们来说，虽然没有肥沃的土地，但是却有大山赐予的山野菜。这里生活的人们会把在春夏两季挖来的野菜，在夏天风干腌好，以供秋冬两季食用。山野菜就像是五台山赐予生活在这里的人们的礼物，在大山、风和阳光的长期呵护下，山野菜用它的香气传达着大自然的味道。因此，时令野菜甚至还被称为补药。

突然有了把这些野菜用在晚宴中的想法，虽然没想好用它们来做什么，但是回去以后可以咨询李秉宇厨师长的意见，于是我便带了几种野菜回来。

第二件宝物，拌饭所蕴含的精神

在准备晚宴的时候，我突然想到，拌饭是最能体现出沟通和分享精神的食物。我把这个想法告诉了一位教授朋友，他向我推荐了一个做拌饭的地方，告诉我如果去江原道的话，一定要去那里看看。那是一家名为静江园的韩国传统饮食体验馆。在停车场停好车后，我们一路走上

去，一座比我还要矮很多的石墙出现在眼前。石墙里面摆放着的数百个酱缸，正尽情地享受着日光浴，这种壮观景象在城市里是不可能见到的。我正在酱台上感叹不已的时候，从静江园后院出来一个人，亲切地跟我打着招呼，这位便是静江园的金吉子代表。我跟他说是首尔大学江太秀教授介绍我来的，他便二话不说，把我带到了大厅。刚到大厅，我就被来此参观的新加坡游客们认了出来。

据说在静江园里，有亲自制作拌饭、泡菜、辣椒酱、年糕、豆腐等韩国传统饮食的体验项目。这些新加坡游客们正等着做拌饭。随着对韩国饮食兴趣的增加，越来越多的外国游客为了亲自体验韩国饮食的制作过程而来到静江园。在拿着话筒站在游客前面的金吉子代表前，有11个巨大的碗。碗的表面布满着细纹，碗里面装着各种蔬菜，据说这些都是静江园周围菜地里种的蔬菜。介绍完这些蔬菜后，金吉子代表拿出一个巨大的木盆，将碗里的蔬菜全部倒入木盆，再在盆里放入米饭、香油、辣椒酱等调料，然后游客们

便开始分组搅拌。一些人在大木盆前摆出各种姿势，另一些人则按下照相机的快门。

这些新加坡游客中的一位说："虽然以前也很喜欢吃拌饭，但大家这样一起搅拌一起吃，味道似乎更好。"并竖起了大拇指。这种一起搅拌一起吃的味道便是韩国的味道，本来拌饭就是全家人围坐在一个大铜盆前，将所有的菜倒在一起拌着吃才最有味道。我想让外国人也尝一尝这种味道，但又怕在晚宴中加入这样的拌饭环节会不太合适，于是决定回到首尔后先和李秉宇厨师长商量一下。

从江原道回来的第二天，我便给李秉宇厨师长打了电话，告诉了他我在五台山的收获，以及我在那里想到的两道菜。一道是用五台山的野菜做的荡平菜（韩式宫廷菜），另外一道是四个人一起做拌饭吃的环节，晚宴最后再上一道锅巴汤。李秉宇厨师长听取了我所有的想法，并将其都变为现实。在此，我要再次向李秉宇厨师长表示感谢。

《 最终的晚宴菜单 》

套餐	菜单说明
（前菜）八道美味	豆腐膳、干明太鱼泥、荞麦萝卜糕、香菇饼、地瓜、人参牡蛎饼、莲藕仙人掌卷、南海鱼饺
（前菜）章鱼五谷粥和石榴泡菜	将具有补血益气功效的章鱼放入五种新粮中煮制而成的粥用当季的石榴腌制的泡菜
以五台山山野菜作为食材的荡平菜	用马蹄叶、虎掌菇、山蓟菜等五台山的山野菜拌制而成
济州蒸海胆	用产自济州岛海域的海胆和银杏、海带等蒸制而成的海胆
卤牛肉	卤牛腩、牛腱、牛胸、牛舌等
（甜点）墨谷梨熟	将泰陵墨谷梨的核挖出，放入松子和枣片蒸制而成的甜点
（甜点）锅巴茶、栗卵、柿饼卷	用锅巴、板栗和蜂蜜制成栗卵柿饼，再在其中放入核桃卷成的核桃柿饼卷

第四章

晚宴中的韩国饮食故事

前面说过，我希望通过这次晚宴讲述"通过沟通与分享变化发展而来的韩国饮食相关的故事"。这些食物看起来没有什么特别之处，但我希望能够通过这些食物讲述韩国人的故事。为了更好地向客人们讲述这些故事，我还特地制作了宣传册，希望他们在享用这些美食的同时，能够感受到蕴含在食物中的韩国人的生活和情感，这也成为确定最后菜单的标准。

"朝鲜八道"的融合，八道美味

晚宴的头盘是"八道美味"。光看名字就

知道，这道菜是用来自"朝鲜八道"（朝鲜王朝时期将朝鲜半岛划分为八个道，"朝鲜八道"常用来指全国各地）的食材制作而成。包括用江原道江陵的豆腐做的豆腐膳，用庆尚北道闻庆的特产香菇做的香菇饼，用京畿道骊州的地瓜、忠清南道锦山的人参和庆尚南道统营的牡蛎做的牡蛎饼，用全罗南道新安的仙人掌做的莲藕仙人掌卷，用全罗北道镇安的沙参做的沙参糖，济州岛的传统饮食荞麦萝卜糕，以及庆尚南道南海的传统饮食鱼饺。在一个小小的碗中，盛装着来自韩国全国各地的美味。将八道美味作为头盘还有一个原因：朝鲜时期御膳所用的食材，都是全国各地进贡的特产，其中既有王和百姓吃同样食物的意思，也体现出御膳是反映民生的一面镜子，因此八道美味可以体现出朝鲜君王通过膳食体察民情的苦心。

章鱼五谷粥和石榴泡菜

李能浩老师制作的银杏形状的碗中，盛的是章鱼五谷粥，旁边配有石榴泡菜。用水泡菜和石榴做的石榴泡菜，非常适合在深秋时节食用，这也是为当天的女性宾客特别准备的健康饮食。第二道菜的主食是章鱼五谷粥，之所以将粥作为第二道菜，是因为韩国自古以来就有"好媳妇得会做30种菜20种粥"的说法。自古以来，从王室到平民，各个阶层的人都喜欢喝粥。在宫里，早饭前的初朝饭就是粥，一般家庭也有在早饭前给老人煮粥的习惯。此外，据说还有给服丧的邻居或亲戚送粥的风俗。根据阶层和季节的不同，粥的用途也多种多样。《林园经济志》中有关于梅粥的记载，梅粥是将梅花的花瓣和大米放入融化的雪水中煮制而成的粥，是一种

主要用来闻香的风味食品。穷人们吃的菜粥，是在粮食不足的灾年吃的救荒食。夏天在河边抓到鱼后直接煮来吃的鱼粥，也是老百姓常吃的营养饮食。此外，据记载，朝鲜第21代王英祖常在天变冷的时候，命宣传官召集乞丐们到宣传厅喝粥。粥是不论职位高低，所有人都可以共享的食物。用五种新粮和章鱼煮制而成的章鱼五谷粥中，就蕴含着这种韩国人的情感。

以五台山山野菜作为食材的荡平菜

荡平菜的做法是，先放入炒牛肉、胡萝卜和用水焯过的芹菜，再放入酱油、醋、香油等调料搅拌均匀后，再加入鸡蛋、紫菜末、石耳蘑等配菜制作而成。从宣祖时期到正祖时期的250年间，朝鲜一直党争不断。东人党和西人党、南人党和北人党、大北派和小北派、老论派和少论派，从王妃和世子的册封到大妃的服丧时间，在所有问题上他们都会针锋相对，深陷政治斗争的泥沼。因党派之争而不得不将儿子思悼世子赐死的英祖，为了平定党争，实行了荡平政策。荡平一词出自《尚书·洪范》的"无偏无党，王道荡荡；无党无偏，王道平平"，即不能任人唯亲，要平等任用人才。在推行荡平政策时，英祖屡设宴席，宴请各党派，并亲自设计了一道菜，即荡平菜。荡平菜使用了白红绿黄黑这五种颜色的食材，既有五方色的意思，也象征着各个党派。黑色的石耳蘑和紫菜末象征着北人，绿色的芹菜象征着东人，红色的牛肉象征着南人，而主食材凉粉则象征着当时掌权的西人。英祖希望通过这道菜向臣子们传达一个意思，即希望所有人能像这道将各种食材融合在一起的菜一样，不分党派，共同为国家利益献身。因为这段佳话，荡平菜成为了和谐与融合的象征。我们并没有在晚宴中使用那些象征党派的食材，而是选用了五台山的山野菜来搭配凉粉。

没有一处可以丢弃的珍贵食物——卤牛肉

我们的祖先将掌管房屋的神称为城主大监，摆放在大厅角落里的米缸，常被称为城主缸或神主缸，可见我们的祖先将米视为神灵一般的存在。从建国初期，到实行农本主义政策的朝鲜时期，大米就意味着政治。农业是支撑国家经济的基础，因此从事农耕的牛享受着不同于其他家畜的待遇，甚至法律规定禁止私自宰杀牛。

对于如此珍贵的牛肉，任何一个部位都难以丢弃。因此，我们的祖先将牛骨、里脊、内脏、牛尾等几乎所有部位都用作食材，制作出各种菜肴。晚宴中的酱牛肉，就是用牛腩、牛腱、牛胸和牛舌等不同部位制作而成。我希望通过这道菜能够让外国宾客们感受到朝鲜时期韩国人的生活和智慧。

融合与和谐的象征——拌饭

将各种食材混合在一起拌着吃的拌饭，被认为是最具和谐精神的饮食。它融合了象征宇宙万物的五方色，各种食材混合在一起不仅会产生新的味道，同时这些食材也保持着它们原本的味道，因此拌饭被认为是

拌饭是最能体现出韩国人分享精神的食物。

融合与和谐的象征。

那么韩国人是从什么时候开始吃拌饭的呢？虽然不知道确切的由来，但每个地区都有关于拌饭的传说。关于拌有生牛肉的"晋州拌饭"，有一段悲壮的故事。1592年壬辰倭乱时期，被围困在晋州城内的官兵、义军和妇女们在最后的战斗前，将城里所有的食材放在一起，搅拌后分着吃。抱着必死的决心，他们将曾像自己生命一样爱惜的牛也都杀死，将生牛肉放进拌饭中，因此晋州拌饭可谓浸透着晋州城百姓保卫家园的誓死决心。

在安东，有在祭祀结束后将祭祀用的食物拌在一起分给参加祭祀的人吃的风俗，因为他们相信，吃了这些献给上天和祖先的珍贵食物，就能有福气，这种食物被称为"安东假祭祀饭"。此外，关于农民拌饭的由来，据说是农忙时期为了缩减做饭的时间和工序，就将各种小菜拌在一起吃。还有一种说法是，高丽末年元朝入侵，高丽王在逃难的路上，常常将三四种蔬菜拌在一起吃，这被认为是"宫廷拌饭"的起源。韩国的拌饭有很多种，与之相关的故事也有很多。虽然关于拌饭由来的说法不尽相同，但有一点是一样的，那就是通过拌饭所体现出来的沟通、融合与和谐的内涵。因此，没有比拌饭更适合做晚宴主菜的了。

〖 韩国各地的拌饭 〗

全州拌饭

用放了黄豆芽的牛骨汤将饭煮熟，在煮熟的饭和黄豆芽上面放生牛肉、鸡蛋黄、绿豆粉等30种材料一起拌着吃。
特点是其用的调味酱是由韩式酱油、辣椒酱、香油一起调制而成的。

安东祭后饭

大邱、安东等地最受欢迎的是安东地区的祭后饭，是将祭祀桌上贡过的煎蔬菜、小菜、汤等食物拌在一起食用。特征是用酱油、芝麻盐和香油一起调制的酱料代替辣椒酱。

海州拌饭

最大的特点是将炒制过的饭添加大海和陆地上出产的若干食材。
在炒饭里加入海参、鲍鱼、蛤蜊等海鲜，还有松茸、水芹、绿豆芽和蕨菜，然后加入鸡肉、蛋黄和紫菜拌在一起食用。海州拌饭最不能缺少的材料是寿阳产的蕨菜和海州的特产烤紫菜。

晋州拌饭

在牛腩汤煮的饭上面放黄豆芽、绿豆芽、笋瓜、厚皮菜、葫芦瓜等蔬菜。这中间添加了鲜肉、绿豆粉、香油等拌匀后食用。
调味酱使用的是稀释过的甜辣酱。

统营拌饭

庆尚南道的统营地区喜欢在拌饭上放鲜海带和蔬菜，拌匀后，在里面放入韭菜、黄豆芽、笋瓜、茄子等十多种材料，添加辣椒酱一起拌着吃。

咸镜道鸡拌饭

在饭里放上各种蔬菜、然后将煮熟的调过味的鸡肉和少量鸡汤放入饭里拌着吃，这种饭又叫做鸡温饭。

巨济海鞘酱拌饭

庆尚南道巨济岛的乡土菜，将切碎后的海鞘发酵2到5日左右制成海鞘酱，然后加入芝麻盐、香油、烤紫菜一起拌饭吃。

济州 Jilem 饭

"济州 Jilem 饭"是拌饭在济州岛的方言。饭上面放了炒制过的野菜和蛤蜊，添加由芥末和香油制成的调味酱拌着吃。

罗州拌饭	在米饭上面放置生牛肉、肥猪肉、香菇、陈年泡菜，用由辣椒粉和大酱拌成的调味料代替辣椒酱拌到饭里吃。
郁陵岛拌饭	饭的上面放的是郁陵岛自产的各种山野菜（桂竹香、麒麟果、衫蒿等）和牛肉一起拌着吃。

《 健康的拌饭 》

　　拌饭最大的特征是根据地域产出的食材的不同、个人口味取向的不同改变所用的配菜。

　　近期Well-being希望利用食材和药材功能的不同而开发出新的拌饭。

净化身体的拌饭（净化拌饭）	配菜材料：山蓟菜、当归、莲藕、马蹄叶、山蒜、豆子、神仙草和香菇
排出身体毒素的拌饭（清体拌饭）	配菜材料：车前草、松盐、茅齿菌、山紫菀、桔梗、刺老芽、松茸、桑叶
为身体增加活力的拌饭（活力拌饭）	配菜材料：银杏、香菇、山蓟菜、虎掌菇、松茸、蕨菜、马蹄叶
净化血液的拌饭（净化拌饭）	配菜材料：葛、松茸、板栗、蘑菇、虎掌菇、山参、笋、刺老芽
减除压力的拌饭（减压拌饭）	配菜材料：刺老芽、萝卜、山芋头、桑叶、马蹄叶、山蒜、松茸

材料出处：首尔大学绿色生态科学技术研究院

第五章

搅拌，分享，成为一体

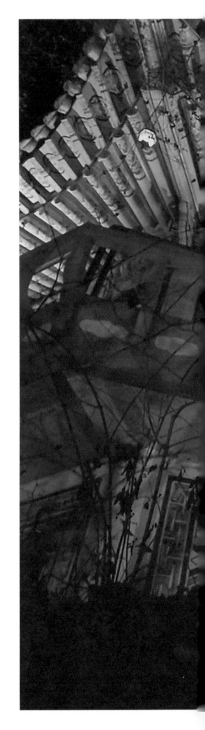

　　一个月的时间就这样在忙碌中过去了。今年的冬天来得尤其早，寒风吹在脸上就像刀割一样。到了晚宴那天，突然出了太阳，温暖的阳光照在身上，让人的心也暖暖的。吃完午饭，我立刻赶到了晚宴场所三清阁。不仅是摄制组的工作人员，李秉宇厨师长、李能浩老师和韩恩熙老师也早早到了现场进行准备。原本冷冷清清的会场已经摆上了餐桌，桌子上整齐地摆放着桌布和餐巾，以及用树叶做的名牌。去往幽霞亭的小路两旁，挂着各种颜色的灯笼，欢迎着客人们的到来，一和堂里传来《阿里郎》的音乐。终于所有的事情都已准备完毕。

第一位到达的客人是大提琴家郑京和老师，第二天她就要出国演出，但仍在排练完后立刻赶到宴会场。我向她表示感谢，她握着我的手说："因为这是非常有意义的事情，我们不仅要通过音乐让世界知道韩国，通过饮食来宣传韩国也是非常重要的事情，所以我当然要来了。"设计师李相峰老师、打击乐手金德秀老师，以及世界知名的产业设计师金英世老师也是以相同的心情来到这里。土耳其大使馆的许克吕耶·巴雅尔·巴尔休斯参赞夫妇虽然刚来韩国不久，但他们却对韩国文化有着浓厚的兴趣，因此出席了今天的晚宴。日本、斯里兰卡、伊朗、缅甸的大使夫妇，都表示他们很喜欢电视剧《大长今》，因此对韩国饮食也产生了好感。美国驻韩商会代表艾米·杰克逊还亲自为家人煮过泡菜汤，亚洲财团代表彼得·白甚至能用流畅的韩语说出许多韩国饮食的名字，令现场的工作人员很是惊讶。此外，前加拿大驻韩商会代表西蒙·彼罗还自我介绍说自己对斋饭很有造诣，是真正的韩国饮食爱好者。虽然跟他们都只聊了三四句，但我却能深深地感受到他们对韩国的喜爱和关心。今天我要将韩国悠久的饮食文化和其中蕴含的韩国人的故事，讲述给他们。

从表现朝鲜君王通过膳食来体察民情的八道美味，到所有阶层的韩国人都喜欢喝的粥，体现沟通与融合精神的荡平菜，展现韩国人智慧的卤牛肉，每上一道菜，我都会向客人们讲述与这道菜相关的故事。因为他们都很了解韩国，所以对食物本身似乎并不陌生，但对于食物中的故事和意义，他们却是第一次听说。坐在我旁边的艾米·杰克逊对从王族到平民都会分享食物这一点感到不可思议，了解了这一背景后，他说自己开始以另外一种角度去看韩国饮食。在融洽的气氛中，晚宴进入了最后的高潮——拌饭环节。每个桌子上都放着一个盛着拌饭的大碗，四个人一起搅拌，然后盛到各自的碗里享用。希望他们通过这个环节，能够体会到韩国人的沟通与融合。

　　"今天在座的各位，虽然有着不同的国籍、文化、语言和职业，但是我想，如果各位能够通过这次晚宴来沟通彼此之间的感情，那么我们享用的食物就具有了更深层次的意义。基于这种想法，我们特地准备了一个小环节。虽然大家可能会觉得有些陌生，但我希望大家能够一起做拌饭，一起享用。希望各位能够通过这道食物，感受到韩国人之间的沟通与融合。"

　　我的话音刚落，所有人都立刻起身开始做拌饭。这一桌在商量该放多少调料，另一桌在讨论该往里面放哪些配菜，还有一桌突然齐声喊道："拌饭梦之队！"看那气势，是想做一份世上独一无二的拌饭。因为拌饭，所有人都埋头共同努力，时不时还有笑声传来，这是在其他晚宴中难得一见的景象。

　　晚宴结束后，土耳其使馆参赞许克吕耶先生说："我们那一桌有知名的音乐家、传媒界人士和建筑家，所有人都是第一次见面，也没有交集。但在大家一起做拌饭的时候，我们都忘了自己是谁，从哪里来，完全专注于制作拌饭。拌饭似乎能融合一切，那种氛围就像跟家人一起用餐一样，这样的晚宴还是第一次。"接着他拿起名牌，"我想永远记住今天的晚宴，以后每次看到这个名牌的时候，我都会想到今天。"听完这番话，我过去一个月间的辛苦，瞬间就消失不见了。

　　回去的路上，回想起客人们对我的称赞和鼓励，让我觉得自己真的干了一件了不起的事。但我清楚地知道，在"韩国饮食世界化"的进程中，我只是一个微不足道的人，也有很多不足，如果能通过这次晚宴，传达出韩国人的温暖和热情，并让更多的人了解，这对我来说就已经足够了。

时代变化得很快，我们的生活和餐桌上的食物也跟以前有了很大不同。古语说："韩餐是蕴含着等待美学的饮食。"但我们现在却生活在两分钟就能做出一碗饭，三分钟就能做出一碗汤的快餐时代。这样的食物能填饱肚子，却不能充实心灵。

味道不是靠舌尖、而是靠回忆去记住的。年纪再大，也不会忘记母亲做的饭的味道。这不是对味道的记忆，而是对回忆的记忆。我也是这样，年纪越大，越想念妈妈的味道，而且经常会想去尝试做出那种味道。晚宴结束后，在妈妈的帮助下，我在家的院子里挖了一个酱台，腌了萝卜泡菜。腌上泡菜后，心里突然变得很踏实，因为今年冬天想吃宵夜的话，就不用打电话叫外卖了，我可以试着做一下小时候妈妈给我做的宵夜——将荞麦面放入萝卜泡菜汤里煮制而成的萝卜泡菜面。

这个味道由妈妈做给女儿，而回忆这个味道的女儿成为妈妈后，再做给自己的儿子和女儿，就这样一直传承下去。我们餐桌上的每一碗饭、每一碗汤，都饱含着无数人的回忆。

通过这6个月的旅程，我遇见了很多人的记忆。有很久以前的记忆，也有最近的记忆。饮食就是来源于这些久远的记忆和经验，它是一种文化，讲述着生活在这片土地上的人们的故事。

我今天又为家人做了一桌饭。有一天，我的孩子们也会回忆起妈妈的味道，想起妈妈讲给他们的故事。传承了两千年的韩国饮食的故事，也将继续下去。

后记二

编导 洪主英

　　"饮食"对于电视人来说，就像是一个聚宝盆，从教做料理到介绍餐厅、料理比赛等，跟饮食相关的节目可谓多种多样。不仅如此，很多综艺节目中也少不了饮食，甚至还有一些专门介绍饮食的电影和电视剧。纪录片也不例外，除了每周一期的《韩国人的餐桌》，韩国三大电视台（KBS、MBC、SBS）每年也都至少会制作三四部跟饮食相关的短篇纪录片。因此，人们几乎每天都能在电视上看到饮食节目，通过荧屏接触到各种美食。

　　对于编导来说，饮食是最能保证收视率的素材，但同时也是很难取得突破的题材。现有的纪录片中虽然也有不少是介绍韩国饮食的，但是没有一部讲述蕴含在饮食中的韩国人的哲学。因此，我有了制作一部讲述蕴含在饮食中的韩国人的故事，以及通过饮食再现韩国人本质的纪录片的想法。确定下主题后，通过什么形式来讲述又成了一个难题，因为用影像来表现哲学的话，通常会令人感到乏味。因此，我们需要一个人来将看起来乏味的哲学，以一种接地气的方式表达出来。我最先想到了李英爱，让长今在纪录片中寻找韩国饮食悠久的历史和其中的秘密！在我看来，没有比李英爱更适合的人选了，但是周围的人都不看好我的想法，其至认为我是在做白日梦。反正试一试也不会有什么损失，于是我联系了李英爱的经纪公司，并将企划案给了他们。大概两周之后，公司说李英爱想亲自见一见我。第一次见面的时候，我向李英爱说明了为什么需要她来拍摄这部纪录片，并强调了除了她以外，其他人都无法胜任。之后我们又见了几次面，在我不断地劝说和商议下，李英爱终于答应出演，《李英爱的晚餐》之旅于2014年春天正式启程。

　　跟电视剧不一样，拍摄纪录片需要很长的时间。经常会为了拍摄一个场景而等待好几天，有时拍了一个星期的内容可能都用不上。我本来很担心只对电影和电视剧的拍摄流程比较熟悉的李英爱适应不了纪录片的拍摄节奏，在纪录片中的表现也会有太多的表演痕迹，后来发现这些担心都是多余的。无论是向韩福丽老师学习宫廷饮食，还是一整天都坐在椅子上做料理，她都没有半句怨言。在蒙古，连工作人员都不太敢吃的牧民食品，她都没有表现出抗拒的意思，而且拍摄一直进行到凌晨，她也没有显露出一丝疲惫。最令我们惊讶的是，她不仅公开了一般女演员最"忌讳"的素颜，连日常生活也都展现在镜头前。在寻找韩国饮食意义的同时，演员李英爱也在不断学习和变化。她将自己在这6个月旅行中的收获都体现在了晚宴中，也正体现了"沟通和分享的精神"。我们的祖先通过饮食来表达心意、沟通感情，并通过这种连接彼此心灵的交流，创造了丰富的饮食文化。

在拍摄纪录片时，我又重新认识了"饮食对于韩国人的意义"。基于此，我们在第一部中讲述了以"沟通"为中心的朝鲜王朝时期的饮食故事，在第二部中以"交流"为焦点，讲述了传承2000年的韩国饮食文化。但是在120分钟的时间内，想完整呈现这些内容是根本不可能的，因此我们用这本书来讲述纪录片中未尽的故事，希望大家阅读这本书后，在面对自己再熟悉不过的食物时也能想到其中的意义。

在制作这部纪录片的过程中，我们得到了许多人士的帮助。在这里，我想向宫廷饮食研究院院长韩福丽、建国大学教授申秉柱、首尔教育大学教授韩圭镇、湖西大学教授郑慧庆、首尔大学教授张泰秀等给节目提供顾问的国内外学者，以及在晚宴的准备过程中给予巨大帮助的李秉宇厨师长、韩恩熙老师和李能浩老师，表示最诚挚的谢意！我还要向为《李英爱的晚餐》给予极大支持的SBS朴基洪CP、朴斗宣CP，Reality Vision的赵韩先代表、崔圭星PD、全英表PD、金韩求PD、金东秀PD、李慧芝副导演，辛苦搜集文献资料同时还负责外联的编导郑三智、金孝善，拍出像胶片电影一样影像的摄像安在民、金泰坤以及摄影金在松，表示深深的感谢！最后我想说的是：作为一名能与拍摄期间无时无刻不展现出专业精神的李英爱一起工作的编导，我真的感到非常幸福。